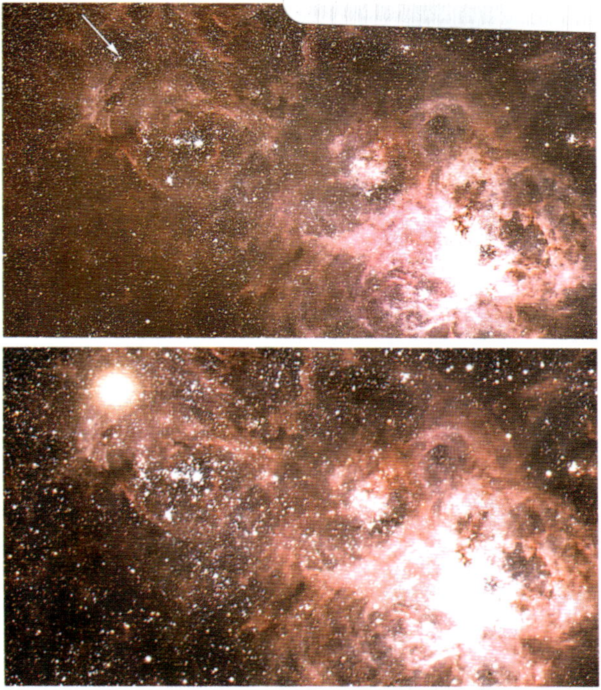

大マゼラン星雲に発生した超新星

1987年2月24日の早朝、トロント大学のシェルトンによって、チリの天文台において発見された。上の写真は爆発前の青色巨星（矢印の先）。下の写真は爆発後の状態を示している。右下の雲のようなものは、その形からタラントゥラ（毒グモ）星雲として知られている。

口絵1

クォークの色

クォークの3原色

反クォークの3原色

白色になった中間子

白色になった核子

ニュートリノ天体物理学入門

知られざる宇宙の姿を透視する

小柴昌俊 著

ブルーバックス

カバー装幀／芦澤泰偉事務所
カバー・本文写真／東京大学宇宙線研究所
（カバー：カミオカンデのニュートリノ検出器）
本文・目次デザイン／WORKS（丸田早智子）
本文図版／さくら工芸社

50センチメートル径光電増倍管の開発に
成功して喜ぶ筆者。

はじめに

この本は、1989年に同じブルーバックスの一冊として出された『ニュートリノ天文学の誕生』という本の、いわば改訂版に相当します。今回本書を出すことにしたのは、1つには前の本が難しくてわかりにくいという声が聞こえたことと、その後実験データが飛躍的に増大したことがあるからです。

カミオカンデからスーパーカミオカンデに検出器が引き継がれ、後継者たちのお陰でニュートリノに質量があることが確かめられたことによって、宇宙の誕生にまた一歩近づこうとしています。まさに「ニュートリノ天文学」が「ニュートリノ天体物理学」へ脱皮する瞬間といってもいいでしょう。

そこでこれを機に、タイトルも『ニュートリノ天体物理学入門』に変えて、気分も新たに書き直してみることにしました。

多くの人、特に女性が物理を苦手と思い込み、毛嫌いしているようなので、現在中2の孫娘・亜美とその母・真理（大学ではスペイン語科）に原稿を読んでもらって、わからない所を指摘してもらい、解説を加えるようにしました。これで亜美には3分の1以上、真理には半分以上わかるようになったと思います。高校で物理を取った人なら、問題なく理解できることを願っています。

第2章と第3章に素粒子と宇宙の説明をしておきました

が、これらに対するアレルギーの強い人は、第４章と第５章を先に読んでから戻られたほうがいいかもしれません。

新しいデータは古いデータに続けて提示しましたから、この10年あまりの間にどんな進歩があったのかすぐわかると思います。

ニュートリノ天体物理学という日本で生まれた基礎科学の一分野を、是非多くの日本の皆さんに知っていただきたいという思いで、原稿書きの嫌いな自分を鞭打って書いています。

私自身はじめから物理に興味を持っていたというわけではなかったので、そのへんから話をはじめましょう。

2002年10月　　小柴昌俊

『ニュートリノ天体物理学入門』◎目次

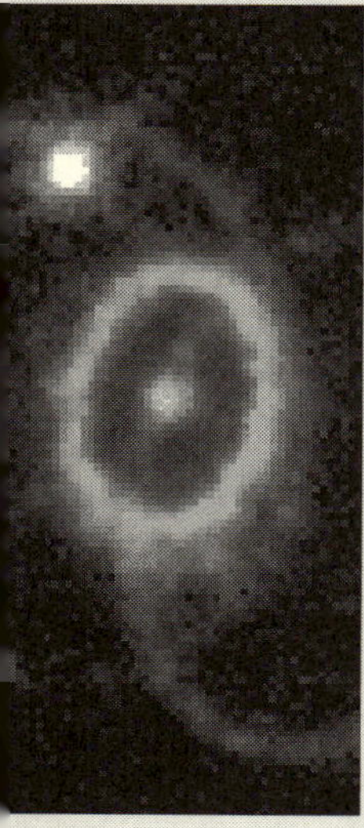

はじめに――――6

第1章 物理との出会い 11
旧制中学校時代――――12
旧制第一高等学校のころ――――13
大学時代――――14
大学院時代――――16
朝永振一郎先生との出会い――――18
アメリカで学位を取る――――21
宇宙線の元素組成をのぞく――――23
ふたたびシカゴ大学へ――――24
本郷での教師生活――――27
「チームワーク」と「テーマ」――――29
電子・陽電子衝突をメインテーマに――――30
CERNへ――――34
若い人たちに実験の楽しさを――――34
これからの、私――――36

第2章 素粒子とそれらの間に働く力 39
物質の基礎粒子――――40
より基礎的なものへ――――41
素粒子をどうやって観測するか――――44
荷電粒子の通過場所を知る――――44
荷電粒子の通過時刻を知る――――53
素粒子の分類からクォークへ――――60
パートン――――66
素粒子の3ファミリー――――67
タウ粒子の発見――――68
クォークの色――――69
これでおしまいなのか――――70
保存則の意義――――72

根源的な法則と便宜的な法則——76
自然界に働いているいろいろな力——78
力の統一的理解——81
Zゼロの発見——82
標準理論——83
強い力——83
強い力の見直し——85

第3章　星の一生と元素の創生　89

元素の創生——90
ガモフのイーレム説——91
ヘリウムより重い元素——92
星の誕生——93
主系列の星——95
赤色超巨星——99
鉄の芯——100
量子力学的縮退——100
目で見る超新星——103
中性子星とブラックホール——106
鉄より重い元素と超新星爆発——106
ニュートリノの役割——107

第4章　宇宙のはじまり　111

宇宙をながめると——112
宇宙誕生のモデル——ビッグ・バン・モデル——113
爆発のゼロ点直後では？——116
反物質はなぜ観測されないのか——118
何かが起こった？——120
暗黒物質の本体——121
宇宙空間の磁場——123
大統一理論の信憑性を検証する——125

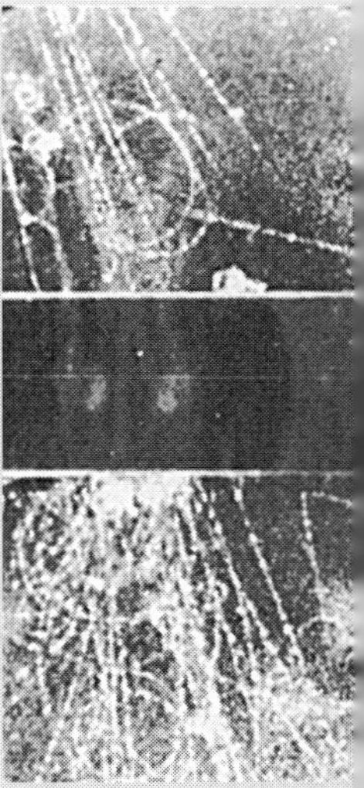

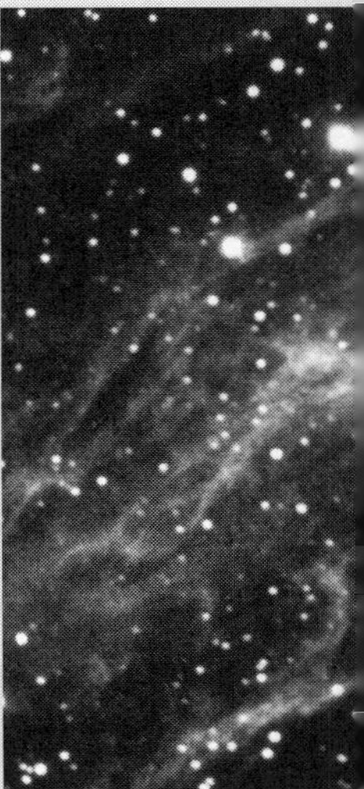

Neutrino

インフレーション宇宙という考え方の導入――129
ビッグ・バンにどこまで迫れるのか？――131
「開いた宇宙」と「閉じた宇宙」――133

第5章　ニュートリノ天体物理学の誕生（カミオカンデ） 135
カミオカンデ――136
太陽からのニュートリノ――142
超新星からのニュートリノ――146
太陽ニュートリノの観測――148
母なる太陽――149
デイビスの測定と太陽ニュートリノのパズル――150
なぜニュートリノは期待より少ないのか――説1――152
なぜニュートリノは期待より少ないのか――説2――153
認知された「ニュートリノ天体物理学」――156
大気ニュートリノの異常――158

第6章　更なる発展 161
（スーパーカミオカンデ・その他）
スーパーカミオカンデの登場――162
ニュートリノの異常――166
量子力学的転換――170

第7章　これから何処へ 175
超低エネルギーニュートリノを探せ――177
地球トモグラフィーを目指せ――177
南極の氷と地中海の海底――177
次はドーナッツ――178
読者への贈り物――179

用語解説――183
さくいん――187

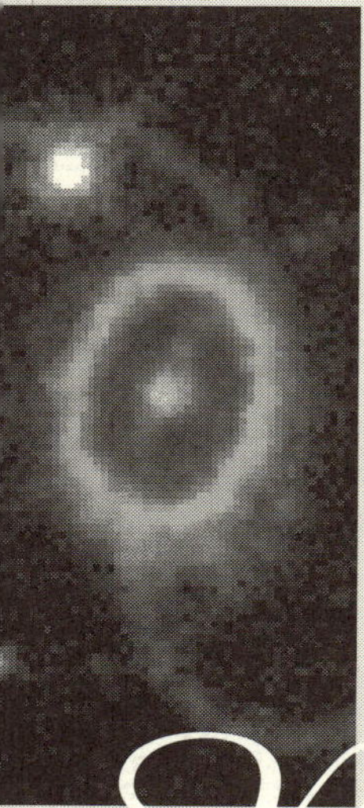

Neutrino

第1章　物理との出会い

物理屋になりたかったんだよ。

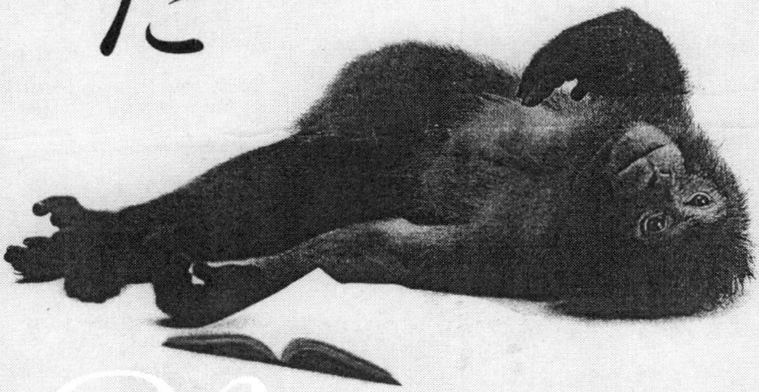

Neutrino

まず、私がどういうふうにして、物理と一生つき合うようになったかということを簡単に振り返ってみたいと思います。

旧制中学校時代

私は小学校のころは、いわゆる普通の子供で、遊ぶのが大好きでした。ただ父が軍人でしたから、私も中学１年のときに陸軍幼年学校を受けて軍人になるということは既定の方針でした。ところが、中学１年の10月の末、そのころはやった小児麻痺という病気になって、歩けなくなるし、手もブラブラになって、結局幼年学校はあきらめました。

私の中学の担任の先生は金子英夫という数学の先生で、私の大好きな先生でした。もう亡くなられてしまいましたが、この先生は、私が半年近く入院していたときに、その当時出たばかりのアインシュタインとインフェルトが書いた『物理学はいかに創られたか』という本の上・下巻を贈ってくれました。その本は、実は相対性理論、特に特殊相対性理論ばかりではなくて、一般相対性理論のことにも触れた、中身は非常に難しい本ですが、一応一般の人にもわかるようにという趣旨で書かれていました。中学１年生で、内容をよく理解するまでにはいかなかったのですが、なるほど、こういうふうな学問もあるのか、というので非常に印象に残りました。

私は中学のころは、どちらかといえば数学のほうが好きでした。中学から旧制の高等学校を受けるときに一高を受けて落ち、１年間浪人して入学したのが終戦の半年前で、すぐ寮に入りました。

旧制第一高等学校のころ

　それから、戦後の飢えの時代を何年間か過ごすのですが、私の高等学校の時代というのは、授業に出るよりも、アルバイトで稼ぐのに忙しい高校生活でした。特に、父が中国で捕虜になっていましたから、姉と私は母親と弟たちの生活費を稼がなければならない立場にありました。

　そのころの担任の先生は理論物理の金沢秀夫先生で（亡くなられて10年以上になりますが）、この先生にも随分お世話になりました。その先生が物理の１つのコースを教えて、もう１人の教授がもう１つ別のコースを教えて、その他に力学の演習などがありました。私は力学の演習のように黒板へ出てやる場合には、

「私は小児麻痺ですから、腕が上がりません」

　といって、全然やらないでサボっていました。そのためか、この物理の先生は私に落第点をつけ、担任の先生は私に非常によい点をくれました。両方を平均して、ようやく落第しないで済んだわけです。

　その当時、私は寮の副委員長というのをやっていて、講義に出るよりもアルバイトの他は寮の自治会の仕事をやっていたという状況だったので、入ったときの成績はそれほど悪くなかったのに、どんどん下がって、卒業のときの成績は190人くらいの中で、ちょうど真ん中ぐらいだったのではないかと記憶しています。

　寮の副委員長をやっているころの校長先生は天野貞祐という哲学者の先生で、その先生にいろいろかわいがっていただきました。

　大学の入試も近くなったある日のことです。寮の風呂に

入っていたら、寒いから湯気がうんと立って、すぐそばにいる人も見えません。湯気の向こうから声が聞こえてきました。

「ところで、小柴は一体どこを受けるつもりなんですかねぇ」

と、これは私の一級上の人の声でした。そして答えているのが、私に落第点をつけた物理の教授で、

「まぁ、小柴はあんなに寮の仕事ばっかりやっていて、物理はできないから、インド哲学か、ドイツ文学か、どこへ行くか知らんけれども、物理に行かないことだけは確かだろうな」

という会話が耳に入ってきたのです。

それで、ちょっと悔しくなって、それから1ヵ月間、猛勉強をしました。そのころ、物理へは上位1割以内の成績を取っていなければ入れませんでしたが、猛勉強して何とか入ったわけです。

大学時代

大学に入ったころ、父親が中国から帰ってきましたが、GHQの指示で公職に就くことは禁止。だから今度は、養い口が1人増えたわけで、私の大学時代というのは、1週間のうちに1日半くらい大学の講義を聴きに行き、あとは全部アルバイトをやって稼ぐといった具合でした。

そのためというといいわけがましいですが、大学の成績はあまりよくありませんでした。卒業のころになっても、何をするというはっきりした目当てはありませんでした。数学は中学のころは得意のつもりでいましたが、数学をす

るには特別な才能が必要だということはわかっていましたから、とりあえず物理の理論でもやろうかということになりました。そのころは就職といってもなかなかないし、そこで山内恭彦先生に、「先生の研究室で採ってください」とお願いしたわけです。

当時、成績のよい人はみんな特別研究生というのになって奨学金をもらったり、あるいは助手になって給料をもらったりしていましたが、私は成績が悪いから、そういう望みはもっていませんでした。

ある日、山内先生が廊下で、

「小柴、お前、大学院に来るのに学費の当てはあるのか」

といわれたので、

「ありません。アルバイトでもしながらやります」

「じゃあ、奨学金をもらいたいか」

「それは、もらえればもらいたいですよ」

というやりとりがありました。そして、その次の週くらいに廊下で会ったら、

「小柴、お前のおかげで俺は恥をかいたぞ」

といわれるので、「何でですか」といったら、

「お前の成績を知らないで奨学生にっていったら、みんなに笑われたぞ」

といわれました。

そんなことがあって、結局アルバイトを続けました。そのころ、レンズの理論をやっていた先生がおられて、その先生がアルバイトの口を私に世話してくれたのですが、その先生が、

「小柴君ねぇ、昔から大学に残って研究を続けるというの

は財産がなければできない、というふうにいわれていたけれども、君が自分で稼ぎながらどこまでやれるか、やってごらんよ」

といって励ましてくれました。

大学1年のときに、何としてでも、少しお金をもらわなきゃならないというので、そのころできた「湯川奨学金」に応募しました。これは湯川秀樹先生のノーベル賞受賞を記念してできた奨学金制度で、その当時、1ヵ月4000円、1年分で4万8000円くれました。それをもらうためには、論文の審査をパスする必要がありました。そこで、「ミュー粒子の核相互作用」という論文をつくり上げましたが、そのときは先輩にしごかれました。私が1週間がかりで計算して論文を持っていくと、その先輩がチラッと見て、「これ違っている」なんて何度も突っ返されたりしました。しかし、何とか仕上げて奨学金をもらうことになりましたが、当時は物理がどうも自分に向いている仕事とは感じられませんでした。

大学院時代

とりあえず学部を修了して、大学院の修士課程に入ったのですが、物理の研究をするための基礎はほとんどできていません。そのころ、できたばかりの大阪市立大学で新しい理論物理研究室を開設した南部陽一郎（シカゴ大学名誉教授）先生のところに「武者修行」に行き、研究室の大机に貸布団を敷いて3ヵ月セミナーに出席していました。なんとかついていこうとしていた当時の私を思い出して、1997年に私が文化勲章をいただいたとき、南部さんが贈ってくれたのが、この章の扉に使った「物理屋になりたかったんだよ。」といっているチンパンジーの画です。

さて、大学院に入ったとき、先輩の藤本陽一（早稲田大学名誉教授）さんから「小柴さん、一緒に原子核乾板の実験をやらないか」と誘われました。その少し前に、イギリスのパウエル教授が感度の極めて高い写真乳剤を開発し、電子の飛跡まで写る最新鋭の素粒子観測機器としてもてはやされはじめていたころです。「じゃあ、やりましょうか」ということで始めたのが実験に入った最初です。このとき、山内先生が当時としては大金の５万円を出してくださって、実験に替わろうとする教え子を励ましてくださったのを、いまでもありがたいことと思っています。

藤本さんと２人で、原子核乾板を使った宇宙線の実験を細々と始めました。しかし、やはりひとつ本場で習ってこなきゃ、ということになり、藤本先輩はイギリスのパウエル教授のいるブリストル大学という、その当時、原子核乾板ではメッカといわれたところへ行きました。私は私で、ロチェスターという大学に行って勉強をしようと思いました。ニューヨーク州の北の外れ、オンタリオ湖の近くにあるロチェスター大学は、その当時、決してアメリカで物理の一流校ではなかったようです。

しかし、ロチェスター大学の物理教室の主任をやっていたマルシャクという理論屋さんが非常にやり手で、よい学生を集めるために、たとえばインドから留学生を募集したり、それから湯川先生に、「日本にもよいのがいたら生活費や旅費を補助しますよ」と申し出たりしていました。そこで、日本で誰を送るかという選考があったわけです。

朝永振一郎先生との出会い

そのころすでに、私は朝永先生に親しくしていただいていました。これも、別に物理のほうで朝永先生に近づいたというわけではなかったのです。先に述べたように、一高で私が寮の副委員長をやっていたときの校長先生は天野貞祐先生でした。天野先生は、朝永振一郎先生のお父さんの朝永三十郎先生につきたくて京都大学の哲学科へ行ったほどです。また、三十郎先生が天野先生の仲人をし、その天野先生が朝永振一郎先生の仲人をやったという間柄です。そして、そのずっと後、私も朝永先生に仲人をしていただき、先生の長女の仲人を私がするというふうに、大変親しくしていただきました。

私が物理へ入ったとき、天野先生が、

「小柴さん、どこへ入学しましたか」

といわれるから、

「物理学科へ行くことになりました」

と答えました。すると、

「私の知っている人で、どのくらいできるか、私にはわかりませんけれども、物理をやっている人がいますから、紹介してあげましょう」

といって、紹介状を書いていただきました。そこで、大学へ入ってすぐ、当時、大久保の光学研究所構内の地下壕に住んでいらした朝永先生のところに、紹介状を持って挨拶に行きました。

それでロチェスターに応募するに当たって、朝永先生に「推薦状を書いてください」といったら、「あんたがこういうふうに書いてほしいと思うようなのを英語でつくって持っておいで」といわれました。その推薦状には大学の成績表をつけなければならず、そこで私は初めて、理学部の事務へ行って自分の成績を見たわけです。それで、優・良・可というのをどういうふうに英語に直すか、非常に苦心しましたが、どう考えてもあまりよい成績じゃない。しょうがないから、私は英作文に苦労して、この男は成績があまりよくないけれども、それほどバカじゃない、という意味の英文をつくって、朝永先生のところへ行きました。

すると先生は、ニヤニヤ笑いながら、「いいよ、サインしてやるよ」といって、サインしてくれました。それでロチェスターへ行けたわけです。1953年のことです。

私が大学の卒業成績がビリだったというと、まさかそんな成績で大学教授になれるはずはない、と疑われる方もいらっしゃるでしょうから、恥ずかしいけれどここに成績証明書を示します（図１—１）。

学校の成績がよくなくても、何かをやろうと本気になってやれば、ある程度までいけることを実例で示して若い人の励みにしてもらいたいからです。大学を卒業するまでは教えられることを理解し認識することが大部分で、いわば受動的認識です。一方、大学を卒業して大学院に入るとか実社会に出たりすると、こんどは自ら問いかけ自ら解決法を探すという能動的認識が大きくものをいうわけで、これは受動的認識とは異なる人間の能力です。つまり学校の成績が人の一生を決めてしまうわけではありません。このことは、2002年３月の東大の卒業式で理工系の卒業生にも話しました。

朝永先生には本当に一方ならぬお世話になったのです

学業成績証明書

第 [illegible] 号

氏名	小柴 昌俊	物理学科	
	大正15年 9月19日生	昭和23年 4月1日入学	昭和26年 3月28日卒業

	科目	評点		科目	評点
必修科目	物理数学	良	選択科目	化学物理学	良
	力学第一	良		物理学特別演習	良
	物理実験学	可		応用電気学	良
	物性論及び熱学	可		量子力学	良
	光学	良		電磁気学特論	可
	電磁気学第一	良			
	物理学演習	良			
	物理学実験第一	優			
	物理学実験第二	優			
	物理学輪講	良			
	原子物理学	可			

上記の通りであることを証明する。

平成 12 年 7 月 4 日

東京大学理学部長 小間 篤

図1—1 卒業成績

が、ある物理の先輩の結婚式で先生がなさったスピーチ、
「今日の花婿には物理は教えましたけど、酒は教えませんでした。ここにいる小柴君には酒は教えましたが、物理は教えませんでした」
によく表現されています。

アメリカで学位を取る

アメリカで学位を取るためにロチェスターへ行ってみたら、その当時は１ドル＝360円の時代で、月に120ドル補助してくれました。その金額は当時の円に換算してみると、東大の教授の収入より多い。これはすばらしいことだと思ったのですが、物価が違うから、やはり、ぎりぎりの生活です。ドクターの学位を取りさえすれば、月収は最低で400ドルだという話を聞いて、これは一刻も早く学位を取らなければやっていけないと思い、それから夢中で学位を取るために勉強をしました。

８月に着いて、９月に教授５人による口頭試問があり、その結果、お前は何々がたりないからどの講義を取れ、というのが決まります。幸い私は、実験のコースだけ取ればよいと判定されました。

ところが、向こうで学位を取るには、まず学位論文に着手してよいという資格を取らねばなりません。そのための試験が、１週間ぶっ続けであります。また、その試験を受ける前に外国語を２つ取っておかねばなりません。ところがその当時（いまはどうなっているか知りませんが）、日本語は外国語として認めてくれません。もちろん英語は外国語として認めてくれない。そうすると、日本語と英語以

外に、２つ外国語の試験に通らなければいけないのです。
これには参りましたが、結局、ロチェスターへ着いてから１年と８ヵ月、「宇宙線中の超高エネルギー現象」という論文で学位を取りました。これはいまでも、ロチェスター大学での最短記録になっているはずです。しかしこちらは、最低月収400ドルという魅力でがんばったわけです。
１週間の試験が終わって、素粒子の国際会議ロチェスターコンフェランスが1954年１月にありました。そのころ私の借りていた部屋で、ファインマンや南部先生たちとスキヤキパーティをやったときの写真を図１—２に示します。２列目左端の、顔が３分の１欠けているのが私です。
学位を取り、さて就職を、と思ったら、シカゴ大学のシャインという、そのころ宇宙線研究のボスがいて、彼がう

図１—２　ロチェスター最初の冬　ファインマン（２列目左から２番目）、南部先生（前列中央）らと（1954年１月）
南部陽一郎氏撮影

ちへ来ないかというので、1955年の７月からシカゴ大学へ移って、３年近くシャイン教授のところの研究員になっていました。

そうしたら、そのころ東大の原子核研究所というのができて、助教授で帰ってこないかという話がきたので、そろそろ里心がついていましたから、帰国しました。それが1958年３月のことです。

宇宙線の元素組成をのぞく

日本へ帰ってくるちょっと前に論文を１つシカゴで書きました。それが後々の研究に、多大な影響をおよぼすとは思いもよらなかったのです。それは、宇宙線はどういう元素組成をしているかというのを調べる実験でした。

ちょうど、そのちょっと前に、宇宙の元素の存在比はどうなっているのかというまとめの論文が発表されていましたが、それと比較してみると、私が測った宇宙線の組成は、そこにいわれている宇宙の元素組成と違うところが２ヵ所ほど顕著に見える、一体これは何だろうということになりました。どのように違っているかというと、宇宙線のほうが重い元素が多い。

私は、何かわからないことがあると、いつも、その方面の専門家に教わりに行きます。当時シカゴ大学には、後にノーベル賞をもらったインド人のチャンドラセカールという天体物理の大先生がいました。そこで、その先生のところへ教わりに行きました。

「実は、こういうふうな元素の存在比が宇宙の普通の平均の状態と違うんだが……」

といったら、そのときに初めてチャンドラセカール先生から、タイプの違う星は元素組成が異なっており、重い元素が多いのは、若いタイプの星に見られる、というようなことを教えてもらいました。

それから星の勉強を少ししました。そのときの実験の論文の結論は、ある元素が平均からこれこれこういうふうにずれているという事実から、宇宙線の発生した天体を予測したわけです。いくつかあげた可能性の２番目に超新星を入れておきました。日本に帰ってきたら、超新星が宇宙線を加速するんじゃないかということを、早川幸男先生も理論的に追いつめていました。この超新星が後に、私の現役のフィナーレを祝ってくれるとは思いもよりませんでした。

ふたたびシカゴ大学へ

原子核研究所は任期５年でしたが、帰ってきて１年くらいしたら、またシカゴのシャイン教授から手紙が来ました。

「今度、12ヵ国くらい参加する大きな国際共同研究をすることにした。ついては日本も参加しないか。日本の代表として、お前が、またシカゴへ戻ってこないか」

という誘いがありました。そこで、原子核研究所から出張という形でシカゴへ行くことになりました。そうなると、また「何年か１人で外国暮らしもかなわんな」というわけで、結婚して、すぐ夫婦でシカゴへ行ったわけです。

ところが、向こうへ着いて３ヵ月もしないうちに、この大きな国際共同研究がつまずいてしまいました。航空母艦まで動員して風船を上げるということをやっていたのですが、うまく原子核乾板のブロックを宇宙線に露出できなかったのです。おまけに、1月の寒い日に、まだ50歳を越えたばかりのシャイン大先生が、スケートをやっているときに心臓麻痺を起こして死んでしまったのです。シカゴ大学は、大きな責任を背負い込んだまま、責任者が急死したため、さてどうしたものだろうということになりました。

ちょうどそのとき、原子核乾板のほうの世界的な権威と認められているイタリアのオッキャリーニが、アメリカのMIT に客員教授になって1年間来ていました。シカゴ大学はすぐオッキャリーニ先生に来てもらって、相談をしました。オッキャリーニは、これだけの大計画を中途でやめるのは、国際的な意義からいっても学問的な意義からいってもよくない、続行すべきだと主張しました。

それでは、続行するに当たっては誰を責任者にして進めたらよいかということで、オッキャリーニ先生が、シャインのグループの物理屋を1人ずつ面接して、その結果、私が後の責任者ということになったのです。それから、使ってなくなってしまっている研究費についてワシントンまでかけ合いに行ったり、いろいろなことがありました。結局、1961年の11月、うまく宇宙線に露出することができました。図1—3は上げる直前の風船です。この風船はアメリカ大陸を36時間かけて横断し、荷物をサウスカロライナ州に無事おろしました。大成功です。回収した乾板を徹夜で現像定着し、出来上がったのが12月31日。素晴らしい大晦日でした。

ところが、私のほうの滞在も2年以上過ぎていて、いつ

図 1 — 3　原子核乾板を積んだ大風船を放球する直前
（カリフォルニア南部。1961年11月）

までも原子核研究所を留守にしておくわけにはいかないので、私は、原子核研究所に帰るか、あるいはアメリカに永住するか決定を迫られました。

そのころ、私は結構いい給料をもらい、待遇もよかったわけです。若かったけれども、アメリカで准将相当（GS15）の位をもらっていました。米国海軍の太平洋艦隊参謀と渡り合って航空母艦とか飛行機で、原子核乾板をつけた大気球を追っかけたりしなければならなかったこともあります。

そのとき私が、日本へ帰るといったら、友達からいろいろ事情を聞かれました。

「お前みたいに高給をもらって、なぜ給料が20分の１になるのに、日本へ帰るんだ」、「何かアメリカがいやな理由でもあるのか」とか、いろいろいわれました。結局、後で考えてみると、私は日本飯でなければいやなんだ、ということがわかりました。

それともう１つは、英語。英語で一応、喧嘩もできるし、冗談をいって人を笑わせたりするのも平気でやれるようになっていましたが、24時間英語というのは、やっぱりいやでした。もう１つ考えたのは、若くて物理を人に負けないようやっていけるうちは、言葉のたりないところなんか気にする必要はありませんが、ある年齢になると、人事とか、あるいは会議とかの雑事も増えます。そうなってくると、どうしても言葉のニュアンスとか、非常に微妙な言葉のあやがきいてくるわけです。そういうことを考えたら、やっぱり日本に帰ろうということになりました。

シカゴ大学のほうで、いままでご苦労さんというわけで、露出した大きな原子核乾板の５分の１をくれました。それを持って帰りましたが、それをどう解析するかということで、日本の大ボスの先生方と大喧嘩をしてしまいました。任期５年というのもそろそろ近づいたときです。

それで、「もうこんなところにいるもんか」と思っていたら、ちょうどそのとき、本郷の物理教室で助教授の公募をしていましたので、そこへ自薦で応募しました。「本郷が採ってくれないなら、俺はアメリカへ戻ろう」と考えていました。後で聞いたら、いろいろ議論があったようですが、とにかく本郷で採用してくれました。

本郷での教師生活

本郷へ行ってから、実際に大学院生と自分の学生を持って研究室をつくることになりました。アメリカでは、当時の金で100万ドルの研究計画をやっていましたが、日本へ帰って来たら桁違いに研究費が少ないわけです。せめてアメリカの１割くらいの研究費を使えるようにならないと、世界と太刀打ちできません。それには、少しずつ実績を上げて研究費を上げていくしかありません。当初の目標は３年ごとに10倍にしていこうと思いましたが、最終的には４年半に10倍というくらいの割合で増えていきました。

それでも私は、その面ではわりに幸運だったといえるでしょう。

着任したらすぐ、宇宙線の大学院講義を受け持ちました。その講義の第１回目のとき、最初に長い黒板の一番右端に「宇宙」と書いて、真ん中を空白にし、一番左の端に「素粒子」と書いて、この２つの間を何とかしてつなげるというのが私の願いだ、あるいはその間をつなぐのはニュートリノかもしれないというような、いわばヤマカンをしゃべりました。そのときの学生の何人かは教授になっていますが、そのときのことをまだ覚えているといっています。

その当時、毎年入ってくる大学院生に繰り返していっていたことが２つあります。１つは「俺たちはな、国民の血税を使って、自分たちの夢を追わせていただいているんだ。業者の言い値で買うなんてとんでもない」というのと、もう１つは「研究者になろうと思ったら、今は駄目でもいつかは、という研究の卵を３つか４つ抱えこんでおいて、それらについて絶えず考え続けていけよ」ということです。

自分の研究のために税金を受けたときは、本当に責任を感じます。たとえば後に述べる神岡実験のときも、陽子崩壊という当たれば大変な成果ではあるが当たる確率は見当がつかないという宝くじのようなものでした。いろいろ考えて、この銀河内で超新星が爆発すればそのときのニュートリノを検出できるだろうと概算要求文書に書き入れて、自らを納得させようとしていました。それで実験開始直後、太陽ニュートリノ観測の可能性が見えたときは、これで確実に税金に見合う学術結果が得られると喜んだものです。この太陽ニュートリノの観測に成功したばかりか、まさかと思っていた超新星ニュートリノまでつかまえることができて、この実験は本当に幸運に恵まれたものだったと痛感しています。

「チームワーク」と「テーマ」

結局、素粒子の実験は、いまは何百人という物理屋が１つのチームをつくって、数十億、数百億円のお金をかけて１つの実験をやるという時代になっています。そうなってくると、１人が有能だというのではなくて、チームとして有能だと認められなければ、大きな国際共同実験で発言力がありません。

チームが世界の一流と認められるためには、過去の実績が問題となります。ところが実績がないと、よい加速器の実験に入れてもらえない。これはニワトリと卵みたいなもので、実績がないところで一級のチームをつくろうとすると、なかなか大変です。そのためには、人があまり気がついていない、いわば見落としているような大事なところで、10年後に値が上がりそうな株を探すというような、そういう目が必要だと思います。

私が本郷に移ってすぐ考えたのは、原子核乾板の仕事は小ぢんまりとやっていけば、あと10年くらいは、その分野では一流の水準でやっていけるだろうが、その後どうなるかということです。それともう1つ、実験の学生に、すでに露出して現像した原子核乾板を顕微鏡でのぞいて、解析する訓練だけして、果たしてよい研究職に売り込めるかという問題です。

そこで、カウンターの実験を始めることにしました。最初に取り上げたのは、地下で宇宙線ミュー粒子が束になって入ってくる現象＝地下ミュー束を本気で調べるため、当時の三井金属の社長を紹介してもらって、その社長の全面的な協力を受けて、宇宙線のミュー粒子の束を地下で測るという実験を神岡鉱山でやりました。これが神岡鉱山との馴《な》れ初《そ》めで、この実験で博士号を取った人たち（東京大学戸塚洋二教授、神戸大学須田英博教授）が、その後も地下実験の指導者として活躍していましたが、残念なことに須田教授は数年前にインドで客死してしまいました。

電子・陽電子衝突をメインテーマに

「地下ミュー束」をやっているころ、ソ連（当時）の宇宙線学者の紹介で、ブドケル教授という有名な人が、モスクワでの会議のときに私に接触してきました。その当時、ブドケル教授はシベリアのノボシビルスクというところで、電子・陽電子衝突の加速器をつくっていました。

「実は私のところで、いまこういう装置をつくっている。

あなたのグループと共同で、それを使った実験をやりたいが、どうだ」

という申し出がありました。

私は、電子と陽電子をぶつけるという実験が、素粒子にとってどんな将来性を持つだろうかを考えて、これは本気で考えてよい問題だと判断しました。帰国してすぐ茅誠司先生に相談したら、「君、それじゃ、それぞれの分野の専門家を誘って一度現地を見ていらっしゃい」ということになりました。茅先生が三菱財団から旅費をもらってくれて、計算機の後藤英一さん、粒子検出器を研究していた名古屋大学の福井崇時さん、それから加速器の小林喜孝さんの3人を誘ってシベリアへ見に行ったわけです。実際に見てみると、どうもこれはなかなか新しい分野が開けそうだと思えてきました。

そこで、電子・陽電子衝突の実験をとおした素粒子の研究を、本郷の私の研究室のメインテーマにしよう、そのためにこういう予算要求をしたい、というのを物理教室の会議に出したら、そのころのお偉い先生方が、ほとんど全員反対されました。そのころ、湯川先生の後に朝永先生がファインマン、シュヴィンガーと一緒に量子電気力学でノーベル賞を受賞した時期でした。多くの教授連は、いまさら電子と陽電子をぶつけたからといって、量子電気力学の正しさを再検証するだけで、たとえそれで強い相互作用をする粒子について調べても、大したことはわからないというような調子で反対されました。

結局、そのときに応援をしてくれたのは、西島和彦という理論の先生でした。この先生は、よくできる理論屋さんで学問に対して謙虚でした。謙虚でない理論屋さんは、自分が何でもわかっていると思っていますが、西島さんは「やってみなければわからないことがあります」という立場から応援してくれ、それを予算化して準備を始めることができました。そうしたら、間もなく、向こうの責任者のブドケル教授が心臓発作を起こして寝つき、計画が頓挫《とんざ》してしまったのです。

しかし、せっかく準備したのだから、どこかでまた、素粒子の国際共同実験をやろうと、西島さんと2人で、まずイタリアのフラスカッティというところにある、電子・陽電子衝突装置を見に行きました。ところがそこでは、エネルギー的にも一応やれる仕事は終わったという状況だったのです。

その次に、ジュネーブにあるヨーロッパ連合原子核研究機関（CERN：セルン）に行きました。CERN はそのころ、陽子・陽子の衝突実験というのをやっていました。それを見て、最後にハンブルクにあるドイツ電子シンクロトロン研究所（DESY）へ行ったわけです。

幸運なことに、私がシカゴで国際共同研究の責任者をやっていたときに、その研究員として来ていたドイツ人が、その電子シンクロトロン研究所の重要なポストについていました。シカゴにいた時代、彼は真面目でよくやる人だったので、できるだけ給料も上げてあげたし、非常に親しくなりました。世の中は、いつそういうめぐり合いがあるかわかりません。

今度は彼が非常に親切にしてくれました。彼によれば、そのときつくっているエネルギーの高い電子・陽電子衝突装置を使った実験は２つ準備されているが、１つはほとんど設計も決まっている、新しく入るとすれば、設計の初期の段階から入ったほうがよいというので、もう１つのほうの実験 DASP に参加することになりました。そこで、私の助手たちや大学院生をドイツ電子シンクロトロン研究所に送り込んだわけです。

そこで実績を上げたおかげで、同じ研究所で、もう一回り大きな電子・陽電子衝突装置を使った実験 JADE（詳細は58ページ参照）をするときは、私たちのグループが主体になって、こういう装置をつくって、何を狙おうという提案ができるようになりました（図１－４）。ドイツでの

図１－４　ドイツのハンブルクにおける国際共同実験 JADE 検出器。この装置で、電子・陽電子衝突の際、クォークと反クォークが対発生する以外に、グルーオンを発生していることも確かめられた。

実験も順調に進んで、そのときは結構いろいろなおもしろい結果を出すことができました。

CERN へ

今度は、さらに大きな電子・陽電子衝突装置を CERN でつくるための実験を公募しました。ハイデルベルク大学とか、いくつかの研究所のグループと一緒に OPAL という実験を提案して、競争に勝って認められました。それが、1989年8月末にデータを取り始める CERN での実験で、これが私の本郷にいた時期の研究室のメイン・プロジェクトです。

若い人たちに実験の楽しさを

大学院も終わりに近づいて、あと学位論文を書くだけというくらいの段階になった大学院生は、基礎的な訓練もできているし、外国での共同実験に組み込んでも十分役に立つ実力を持っています。したがって、共同研究者としてドイツとかジュネーブに送り込んでもよいのですが、たとえば修士の時代とか学部の学生というのは、そういうことはできない。もし送り込めば、この人たちの指導のために誰かほかの人の時間をとることになります。

やはり実験屋を養成するには、もっと若いときから、なるほど実験というのは楽しいものだ、やりがいのあるものだという実感を与えなければ、学生はついてきません。

自分でやった実験から、物理の結論を導き出すことの楽しさを知ってもらうために、私が本郷に移ってから間もないころ物理教室の会議で、物理は実験が大事だから、入ってきたばかりの学生に実験の楽しさを味わわせようじゃないかということを提案しました。
「夏休みに希望者には、自由に実験をやらせてやるぞ。ただし、これは単位には一切ならん。そういうことを覚悟するなら、やりたい実験をやらせてやる」
そういう夏休み希望実験という制度をつくりました。それは私が本郷にいた間にやったことの中でもっとも良いことだったと思っています。それを夏休みにやって、実験というのは本当にやりがいがあると思って、実験研究室を志望したという学生が毎年何人もいますから、これは成功した部類でしょう。
それと同じような意味で、大学院の修士課程の２年間と博士課程の初めの１、２年に、どうやって本格的な実験を味わわせることができるか。それでいろいろ考えた末、加速器がなくてもやれる素粒子実験というので、陽子崩壊の実験をやろうということにして、神岡にまた地下実験装置をつくったわけです。
神岡の実験というのは、最初は、その年に入ってきた有坂勝史という大学院生（現在 UCLA 教授）と２人で始めました。狙っている精度のよいデータが本当に取れるかどうか、いろいろシミュレーションをしてみた結果、どうしても大きな光電増倍管を開発しなければならないという結論を得ました。そこで、浜松ホトニクス（当時は浜松テレビ）の社長さんと談判したり、いろんなことがありましたが、ともかく神岡の実験のおかげで、大学院に入ったばかりの学生、あるいは学部の学生でも直接実験に参加することができるようになり、よかったと思います。

これからの、私

定年退官したときに、私は最後に自分が指揮していたいくつかの研究計画をみんな教え子たちに譲り渡しました。CERN での大きな電子・陽電子実験は折戸周治教授に、神岡実験は戸塚洋二教授に引き継いでもらい、私はきれいさっぱりとのんびりした身分になってヨーロッパへ行ったわけです。残念ながら、折戸教授は一昨年、くも膜下出血で亡くなってしまいましたが、その後はやはり、教え子の駒宮幸男教授や小林富雄教授が強力に指揮をとっています。

東大定年後、9年ほど東海大学にお世話になりましたが、ヨーロッパに2年間、アメリカに2年間と海外滞在が続きました。1990年代のはじめ、筑波研究学園都市の高エネルギー物理学研究所（現在高エネルギー加速器研究機構：KEK）の評議員を2期6年間務めたのですが、その最後の評議委員会で、「私はこれからしばらくアメリカに行ってしまうから遺言のつもりで聞いてくれ」といって、次の可能性を提案しました。

それはカミオカンデ（神岡陽子崩壊実験装置）で観測されたばかりの宇宙線大気ニュートリノの異常は、ミュー・ニュートリノがゼロでない有限の質量を持っていて、タウ・ニュートリノに変換されている可能性が高い。これを実験で確認するために、高エネルギー加速器研究機構の陽子加速器を 30GeV（1GeV は10億電子ボルト）から少なくとも 50GeV まで増強して、エネルギーの高いニュートリノ・ビームを作り、これを建設中のスーパーカミオカンデに向けて放出し、そこでタウ粒子を検出するという計画でした。

残念なことには、この計画は近隣分野のあれもやりたい、これもやりたいといういくつかの計画と合体させられて、巨大な計画に膨れ上がり、あれから10年以上たった現在でもこのタウ検出実験は実現にいたっておりません。

一方、アメリカではフェルミ国立加速器研究所の加速器を用い、またヨーロッパでは CERN の加速器を用いたタウ検出器が準備を進めています。

日本でも、現存の高エネルギー加速器を用いたニュートリノ・ビームをスーパーカミオカンデに入射する実験(K2K) が始まっており、タウをつくるエネルギーはありませんが、ミュー・ニュートリノの減り方がエネルギーによってどう変わるかを見ています。１年くらいの内に結果が発表されるでしょう。

考えてみますと、私は一教授としては分不相応な額の税金を使わせてもらって夢を追い続けて来たわけで、本当に感謝しております。老後はいっさい税金を使わないで小さな実験を、借り物装置とポケットマネーで細々と楽しみ、もしその結果、何らかの形で国民にお返しできたらいいなと考えているこのごろです。

前の版を出してから今までの13年間に、ずいぶんいろいろなことが起きました。日常のことからいえば、ニュートリノを身近に感じる人がだいぶ増えてきたことです。ピップエレキバンのような「ニュートリノ」という名前の貼り薬も孫娘の亜美が買って来てくれましたし、国道41号線の神岡出口の所に、「ニュートリノ」というコンビニエンスストアができました。もっとも、Neutrino ではなくて

Newtorino となっていましたがこのお店は 2 ～ 3 年でつぶれてしまい、ニュートリノはもうけ仕事には役立たないということを如実に示したのかもしれません。

もっと驚いたのは、一昨年イスラエルのテルアビブ大学で、「ニュートリノ天体物理学の誕生」という講演をしに行ったときのことです。そこの若い物理学者の 4 歳の息子が、「ニュートリノならぼくよく知っているよ」というんだと、教えてくれたのです。聞いてみると、テレビ番組で『ニンジャ・タートル』という子ども番組が大変な人気で、その中でニンジャのカメさんがヘマをやって困っているときに助けにきてくれるのが、異次元のX星から来るニュートリノさんなのだそうです。お土産に、そのテレビ画像のコピーももらいました。

第2章 素粒子とそれらの間に働く力

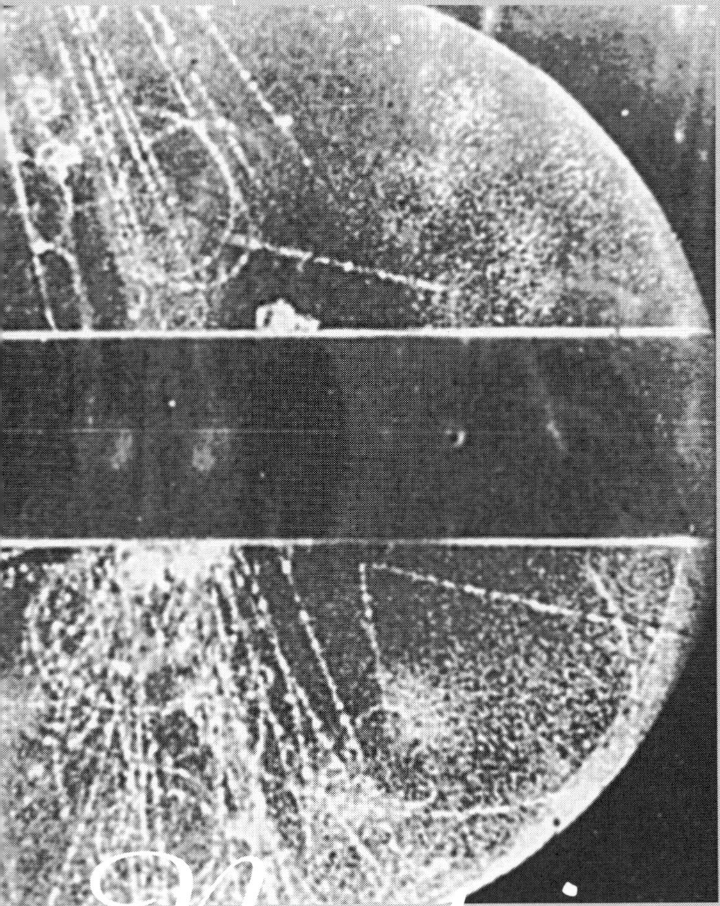

Neutrino

この章では、素粒子という、恐らく皆さんには一番とっつきにくいもののことを、できるだけわかりやすく解説したいと思います。新しい単語が次々と出てきて、これはかなわんと感じられるかたが多いと思いますが、これらはただ物事を記述するための道具に過ぎないので、はっきりと理解できなくても気にしないで先に読み進んでください。何べんか出会ううちに、ああ、こういうことだったのか、と納得がいくことでしょう。

まず初めに、物理学というのは何を目的としているのかということですが、物理学の目的は、かつていわれたように、物が動く、あるいは衝突するとか、形が変わるとか、そういうことの理解だけを狙っているわけではありません。私たちが住み、そして感じ、眺めているすべての自然現象を統一的に理解したいというのが究極の狙いだと思います。

そこで、自然をより統一的に眺めようという流れは、実は人間の知的な歴史を通じて、いたるところに見受けられることですが、特に物理では、ここ20年くらいの間に急速にそれが進みました。つまり一方では、すべての物質を構成するいちばん基礎的なものは何かを追究すると同時に、もう一方では自然界に働くすべての力を統一的に理解しようとする試みです。

物質の基礎粒子

物質の究極的な構造はどうなっているのかという疑問は、遠くギリシア時代からありました。そのころの思弁的な〝アトム〟は、近世に到って実在となり、そのアトム＝

原子の構造はどうなっているのかの追究が現代科学の幕開けとなったといえるでしょう。

より基礎的なものへ

多種多様な自然界の物質は何からできているのか？

……92種の元素の多様な組み合わせから。

これらの92種の元素は何からできているのか？

……それぞれ固有の原子から。

原子は何からできているのか？

……電子と原子核から（ラザフォードがアルファ線の散乱実験から重くて小さい原子核の存在を示したので）。

これらの原子核は何からできているのか？

……陽子、中性子の組み合わせから。

この辺までは、今の高校の物理で習うことです。このように、次々とより基本的な構成要素に分解して答えてきた人間は、この時点で、これで一段落すると考えることもできたでしょう。なにしろ千差万別の自然物質をたった３個の粒子、すなわち陽子、中性子、電子の適当な組み合わせでつくり出せることがわかりましたから。この意味で、これらは「素粒子」と呼ばれるにふさわしいでしょう。

50年以上前、私が大学の物理学科を卒業したときの「素粒子」は陽子、中性子、電子のほかに、湯川先生が予言して宇宙線中に見つかったπ（パイ）中間子、それに誰も注文したわけでもないのにやはり宇宙線中に見つかったμ（ミュー）粒子だけでした。ν（ニュートリノ）が存在するはずだという予言がありましたが、まだ見つかっていませんでした。

しかし、これら「素粒子」は何からできているのか？という問いには、ちょっと考えさせられる点があります。この問いは問いかけてしかるべき問いなのであるのか？さらに内部構造を考えねばならない理由はあるのか？　その辺になると高校では立ち入りません。

まず現在考えられている基本的素粒子の表をお目にかけましょう（図２—１）。

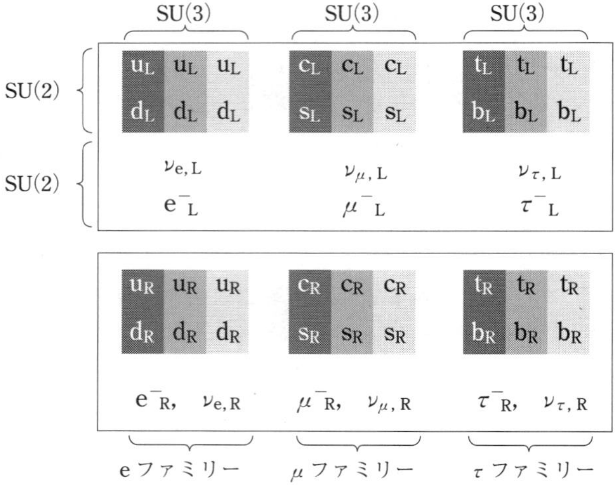

図２—１　基本粒子

これらの記号を覚える必要はありません。ただ、いくつかのことを指摘しておきましょう。

一番左に並んでいるのはe（電子）ファミリーとも呼ばれる粒子群で、安定に存在している物質はすべてこれらの粒子からつくられています。その右に位置するμファミリー、さらに一番右に位置するτ（タウ）ファミリーはeファミリーよりずっと重い質量を持っており、極めて短い時間で電子ファミリー内に相当する粒子に崩壊してしまいます。

表中のｕ（アップ）、ｄ（ダウン）、ｃ（チャーム）、ｓ（ストレンジ）、ｔ（トップ）、およびｂ（ボトム）で示された粒子はクォークと呼ばれるもので、陽子は（uud）と３個のクォークからつくられていると考えられています。かつて「素粒子」と考えられていた陽子は、その後の実験で、有限の半径を持つことがわかり素粒子の資格を失いました。

これらクォーク粒子は電荷2/3とか−1/3を持つとされていますが、どの１つも観測にかかっていません。何故観測にかからないかを説明するために、それぞれのクォークは３原色のどれかの色を持っていると考えるようになりました。つまり色が無色の状態だけがエネルギーが低くなって安定に存在できる――たとえば陽子の（uud）はそれぞれのクォークが３原色の違う色になっており、全体として無色になっていると考えるわけです（図２－２：口絵２）。

こんな複雑な性質を持ったクォークは本当に実在するのですか、といわれても仕方ありませんが、次に述べる力の説明にも強力な基盤を与えるので、現在のところ観測にはかからないけれど実在していると考えられています。

これらの粒子はすべてスピン（固有角運動量）1/2を持っていて、それぞれ反粒子があります。ですから基本的素粒子の数は元素の数を大きく超えてしまいます。これらがほんとうに基本的素粒子なのでしょうか？　恐らく将来新たな進歩があるのでしょう。

言葉だけの説明が続いたので退屈されたかもしれませんね。素粒子をもっと身近に感じていただくために、これからしばらくの間「素粒子」をどうやって観測するかをお目にかけましょう。

素粒子をどうやって観測するか

さて、これから「素粒子」をどうやって観測するかという話に入るわけですが、なにしろ半径が1センチの10兆分の1、あるいはそれ以下（ちなみに原子の半径は1センチの1億分の1程度です）の粒子ですから、どんな顕微鏡を持ってきても、そのふるまいを直接目で見ることはできません。おそらく、これが原因で、素粒子なんてチンプンカンプンだという印象を拭いきれないのだと思います。そこでこれからしばらくの間、見えるはずのない小さな素粒子を、どうやって観測するのかを、実例に即して、説明しておきたいと思います。

おおざっぱにいえば、不安定な平衡状態を利用して素粒子のつくるかすかな信号を、雪崩《なだれ》のように大幅に増幅することで観測にかかるようにするわけです。

荷電粒子の通過場所を知る

・霧箱

1950年代前半ごろまで、ほうぼうで用いられた霧箱という検出器があります。これは、元来イギリスで、霧の発生を研究するためにつくられたものですが、素粒子の研究に利用されて、数多くの成果を上げました。宇宙線中間子（後にミュー粒子と判明）の発見、陽電子の発見、奇妙粒子の発見等は霧箱によるものです。

ピストンのついた密閉容器に気体とアルコールの飽和蒸気を封入して、急速にピストンを引いて容積を大きくします。断熱膨張した気体は、急に温度が下がり、その結果、余分になったアルコール蒸気は液体として析出されなくてはなりません（結露）。実際には、気体中に浮遊していたチリやほこり等を芯にして、霧のように小さな液滴となるわけです。これら液滴は重力によって、ゆっくりと降下して下にたまります。そこで、このピストン操作を何回か繰り返しますと、気体中のチリ、ほこりが全部とれてしまって、そうなるとピストンを引いても余分の蒸気が液滴になるきっかけがなくなってしまいます。

気体から液体へ、あるいはその逆というように物質が様相を変えるとき（相転移）、こういう変化のとまどいともいう現象はよく見られることです。高校の化学の実験で、ビーカーの液体を熱するとき、突沸《とつぷつ》を防ぐために、金属の小片を入れたことを思い出してください。あれは、過熱状態になるのを防ぐためでしたが、霧箱内の蒸気は過冷却状態になってしまったわけです。このような状態は不安定ですから、なにかのきっかけがあれば、一気に変化が進行します。

たとえば、この状態の霧箱を荷電粒子が通り抜けたとしましょう。すると粒子の飛跡にそって液滴ができ、それを写真に撮って飛跡を見ることができます。これは荷電粒子が気体原子の近くを通過する際、その原子の外殻電子を叩き出して、その電子がまた近くの原子を電離してイオンの密な集合をつくり、それが芯になって結露するものと考えられます。この電子を叩き出す確率は、粒子の速度によって変わりますので、液滴の飛跡にそった密度を数えることにより、その粒子が光の速度の何パーセントの速度で走っていたかを測定することもできます。

霧箱を、磁極の間の磁場の中で働かせる場合は、荷電粒子の飛跡は、その運動量に比例する半径で曲がりますから、両方を測れば、その粒子の静止質量を求めることができます。

実例をお見せしましょう。

図2—3はC・アンダーソンによる宇宙線中間子（現在のミュー粒子）の発見の霧箱写真です。

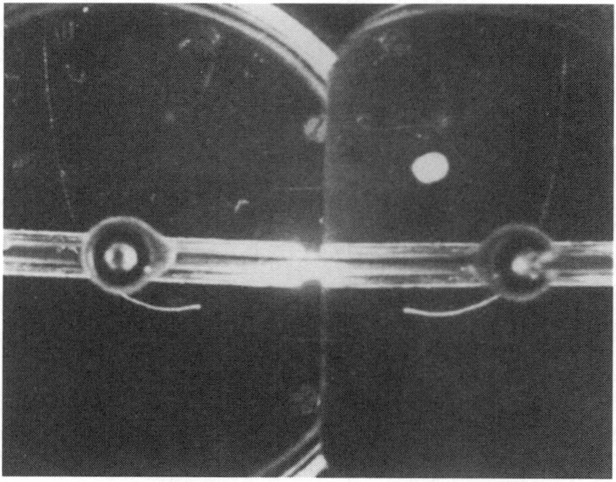

図2—3　C・アンダーソンによるミュー粒子発見の霧箱写真（CLOUD CHAMBER PHOTOGRAPHS OF COSMIC RADIATIONより）

上から入ってきた荷電粒子の磁場中での曲がりと、中央の金属板を通過してエネルギーを失い、運動量が小さくなった下部での曲がりと、液滴頻度の増加に注目してください。

図2—4は、ロチェスターとバトラーによる宇宙線中の奇妙粒子発見の霧箱写真です。

中央の金属板中の相互作用でつくられたらしい中性粒子（これは見えない）が、右下の部分で飛行中に2つの荷電粒子に崩壊して、それが逆V字形に見えています。

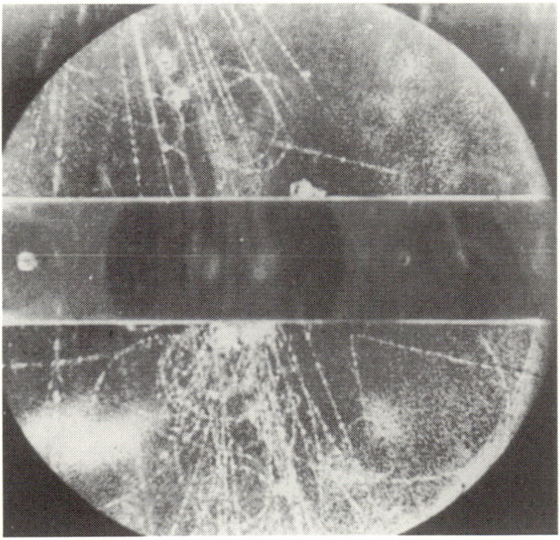

図2—4　ロチェスターとバトラーによる奇妙粒子発見の霧箱写真（CLOUD CHAMBER PHOTOGRAPHS OF COSMIC RADIATIONより）

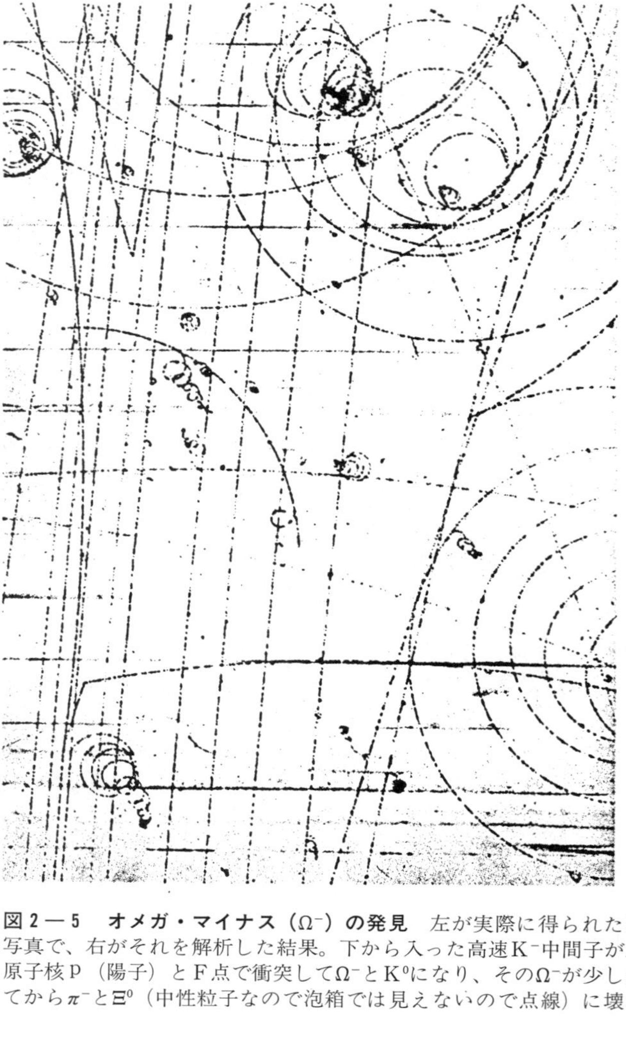

図2—5　オメガ・マイナス（Ω^-）の発見　左が実際に得られた泡箱写真で、右がそれを解析した結果。下から入った高速K^-中間子が水素原子核p（陽子）とF点で衝突してΩ^-とK^0になり、そのΩ^-が少し走ってからπ^-とΞ^0（中性粒子なので泡箱では見えないので点線）に壊れ、

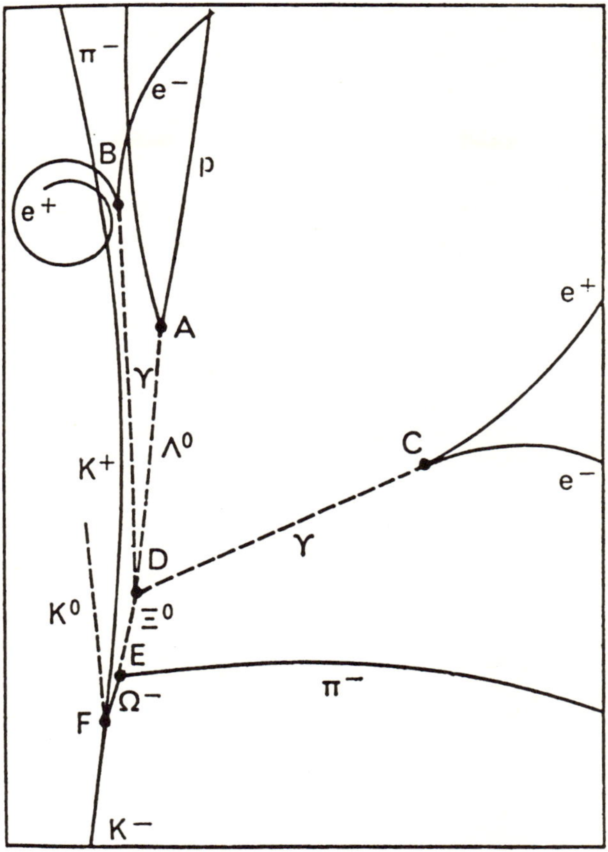

そのΞ^0がまた少し走った後で2つのガンマー線とΛ^0とに壊れ、そのΛ^0がしばらくしてpとπ^-とに壊れていく様子が示されています。2つのガンマー線はそれぞれB点とC点で電子・陽電子対になっています。これらの粒子の相互関係については図2—12を参照してください。

・泡箱

霧箱と同じように、荷電粒子の飛跡を見る検出器に、泡箱があります。違いは気体を過冷却にして液滴をつくるのではなくて、液体を過熱状態にしておいて荷電粒子の飛跡にそって、泡つぶをつくり、それを写真に撮って飛跡を見ることです。この泡箱は液体として液体水素を使うことにより、素粒子衝突の標的として陽子が使えることの他に、すべての発生荷電粒子の飛跡を観測できるので、新粒子の発見に大きな役割を果たしました（アルヴァレは、これによりノーベル賞を受賞した)。実例の1つとして、オメガ・マイナスの発見の写真を示しておきます（図2－5)。このオメガ・マイナスについては後にまた述べます。

・写真乾板

荷電粒子の飛跡を見る検出器として、もっとも歴史の古いのは写真の乾板です。アルファ線（ヘリウムの原子核）の飛跡が写真の乾板を黒化することは、古くから知られていましたが、その感度を上げて、光速度近くで走っている荷電粒子の飛跡まで写るように改良したのは、イギリスのパウエルに指導されたイルフォードです。図2－6は、南アメリカのアンデス山脈上で宇宙線に露出した乾板で、π^+（パイ・プラス）と、π^+が止まったところから走り出しているμ^+（ミュー・プラス)、さらにそれが止まったところから走り出している e^+（陽電子）が見えます。

μ^+の飛跡の長さが一定（エネルギーが一定）であることに注目してください。これはπ^+が崩壊するとき、エネルギーと運動量の保存則によってμ^+ともう1つの粒子

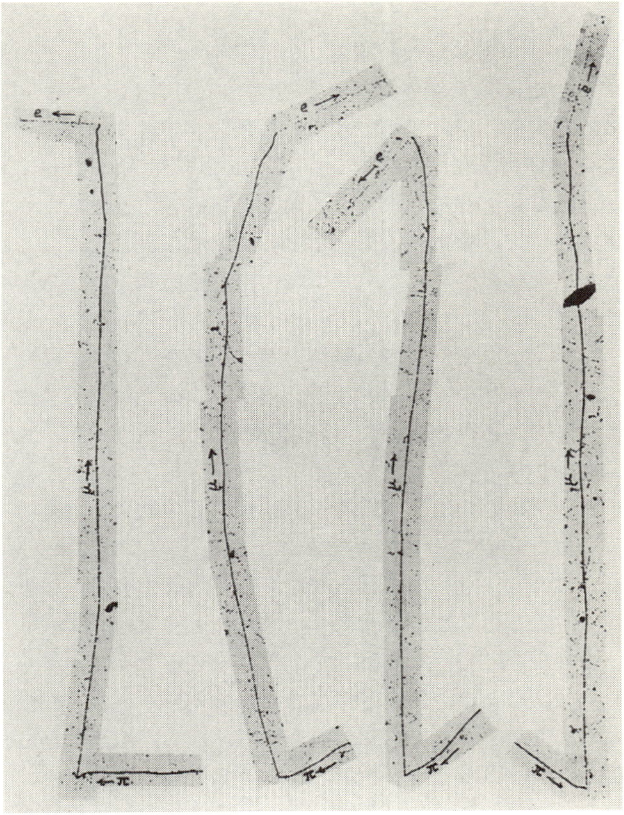

図２－６　イルフォードによるアンデス山上で宇宙線に露出した乾板（The Study of Elementary Particles by the Photographic Methodより）

（これは写っていないから中性粒子、実はミュー・ニュートリノ）の２個の粒子になったことを意味しています。

・放電箱

これまで述べた粒子飛跡の観測装置は、「さあ粒子が飛び込んだから飛跡を見よう」というわけにはいきません(霧箱ではガイガー計数管で、粒子がいま通ったという引き金信号を出してピストンを引く工夫もされました)。粒子が飛び込んだ瞬間に、その飛跡を見えるようにしたいという願いは、放電箱の発明によって達成されました。これは大阪大学におられた福井崇時・宮本重徳両氏によるものです。

なめらかな平行平面の極板の間にガスをつめて、後に述べるシンチレーション計数管などからの荷電粒子到着信号によって、極板の間に短い高電圧パルスをかけます。すると粒子の飛跡にそって、気体中にイオン化された原子の電子がプラス極のほうに雪崩を起こし、その結果、飛跡にそって放電が起こって光ります。それを写真に撮るわけです。この方法を用いて行われた素粒子実験の中で、後世に残るものとしては、レーダーマンらの２種類のニュートリノの存在を証明した実験です。後に述べるように、ニュートリノはなかなか物質と相互作用をしませんから、鉄板とこの放電箱をサンドイッチのように、たくさん重ね合わせたものを検出器としました（図２－７）。

ここに示した図２－７は、この実験で得られた事象の１つで、左から入ってくる加速器からのニュートリノ（荷電粒子でないので見えません）が、鉄の原子核と衝突して、電荷を持ったミュー粒子をつくり、それが右手のほうに何枚もの鉄板を通り抜けているのが見られます。もしこれがミュー粒子でなく、電子であったとすると、質量の軽い電

図2―7　2種類のニュートリノの発見

子は、鉄の原子核のそばを通ると、電磁力によって、進行方向を曲げられるだけでなく、ガンマー線を放出し、そのガンマー線はまた鉄の原子核のそばを通ると、電子・陽電子の対《つい》発生をします。この結果、電子・陽電子などの荷電粒子の数はネズミ算的に増加しているのが見えるはずです。こうして、加速器からの陽子でつくられたパイ中間子が、ミュー粒子に壊れる時に出るニュートリノは、ベータ崩壊の時に電子とともに放出されるニュートリノとは違う種類のものであることが証明されました。これにより、レーダーマンらはノーベル賞を受賞しました。

荷電粒子の通過時刻を知る

・ガイガー計数管

この種の検出器としてよく知られているのは、ガイガー計数管です。円筒状の金属容器にガスを封入し、中心軸に細い金属芯線を張って、これに正の高電圧をかけます。荷電粒子が気体中を走ると、原子を電離して正イオンと電子をつくりますが、軽くて動きやすい電子は、すぐ電場で加速され、芯線のほうに走り出します。加速された電子のエネルギーがある値を超えると、原子をさらに電離することができ、新たに電子をつくります。こうしてネズミ算的に増えた雪崩電子が、芯線に電気パルス信号を生じさせ、荷電粒子の通過を知らせるわけです。

コッコーニらは、第二次世界大戦直後に行ったガイガー計数管を使った素粒子実験で、宇宙線中間子は炭素の原子核と強く相互作用をしないことを示しました。これは原子核と強く相互作用をするものとして導入された湯川中間子とは別物であることを決定的に示したものですが、装置の図を見るだけではよくわからないでしょうから、ここでは省きます。ガイガー計数管は、いまでも簡単な放射線検出器として広く利用されています。

・シンチレーション計数管

シンチレーション計数管とは、ある種の物質に荷電粒子が飛び込むと、かすかな光（蛍光・シンチレーション）を出すことを利用するものです。ラザフォードが自然放射能からのアルファ線（ヘリウム原子核）を薄い金属箔に当てて、その散乱のようすを調べ、大きな角度に散乱される事象の割合から、原子核の半径は原子の半径よりずっと小さいことを発見したのは、硫化亜鉛（ZnS）に飛び込んだアルファ線によるシンチレーション光を、直接目で観測することによってでした。

このころは、微弱な光を増幅してくれる光電増倍管のようなものはありませんでしたから、実験者はまず暗室に2

時間ほど入って、目を暗黒にならし、そうしてから顕微鏡をのぞき込んで、かすかな硫化亜鉛のシンチレーション光がどこで光ったかを観測し続けたわけです。目の疲労は大変なものだったそうです。

このラザフォードの実験は、素粒子のより微細な構造を実験的に調べるための規範となりました。現在でも本質的には同じ方法、つまり、高エネルギー粒子を標的に当てて、その大角散乱（入ってきた粒子の運動量と、出ていった粒子の運動量との差が大きい現象）を調べることによって、より微細な空間領域を探索するという、種々の素粒子実験が行われています。

高エネルギー電子を陽子に当てて、陽子がゼロでない有限の半径を持つ（だから陽子は素粒子ではありえない）ことを示してノーベル賞を受賞したホフシュテッターの実験は、まさにこの方法によるものです。また、この実験では、大きなシンチレーター（ヨウ化ナトリウム：NaI）が使われました。

大面積のシンチレーション検出器をつくる目的で、透明なプラスティックの中に蛍光剤を溶かし込んだプラスティック・シンチレーターが開発されました。これは時間分解能もよいので、広く利用されています。

・チェレンコフ光

特殊相対性理論によると、いかなる粒子（いかなる信号）も、真空中の光の速度を超えることはできないことがわかっています。しかし屈折率が1より大きな媒質の中では、光の伝播速度自体が真空中の速度に比べてその媒質の屈折率分の１に落ちますから、こういう媒質の中では、この中での光の速度よりも速く、荷電粒子が走るという事態がありえます。空気中で、ジェット機が音速を超える速度で飛んだとき、音の衝撃波が生ずることはよく知られています。光の場合も、やはり光の衝撃波が生じます。これはソ連（当時）のチェレンコフが発見した現象です。

みなさんの中には、重水原子炉をのぞいて菫《すみれ》色に光っているのをご覧になった人がいるかもしれません。これはベータ崩壊のとき放出された電子が、重水中の光の速度より速い速度で走ったために、チェレンコフ光を出しているのです。

このチェレンコフ光は、荷電粒子の速度だけに依存して出るもので、しかもその進行方向に一定の角度で円錐状に放出されます。この性質は、特に粒子の進行方向を示す上で、たいへん重要なものです。

このチェレンコフ光を積極的に荷電粒子の検出に用いたのが、神岡陽子崩壊実験装置（カミオカンデ）です。円筒形の水槽の内側にたくさんの光電増倍管を配置して、微弱な水中のチェレンコフ光のパターンを見るようにしています。図２―８にその内部写真を示します。全表面に１平方メートル毎に50センチメートル径光電増倍管１個が設置してあります。つまり全表面の20パーセントが感光面になっているわけです。

この装置で得られた事象の一例を図２―９に示しました。

チェレンコフ光による輪が綺麗に見えているでしょう。この事例は陽子崩壊かもしれないと騒がれたものですが、

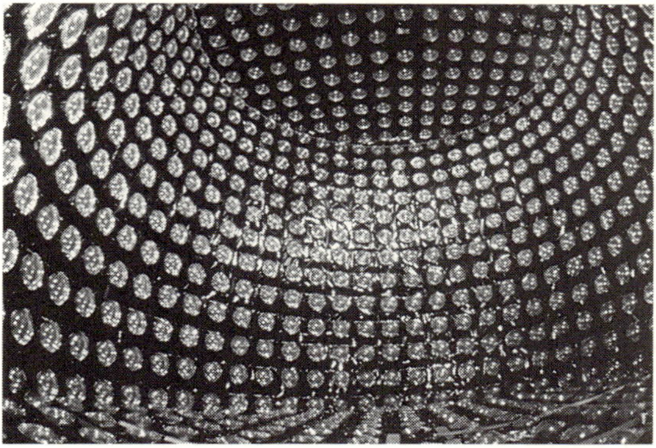

図2—8　カミオカンデの水槽の内側に取り付けられた光電増倍管

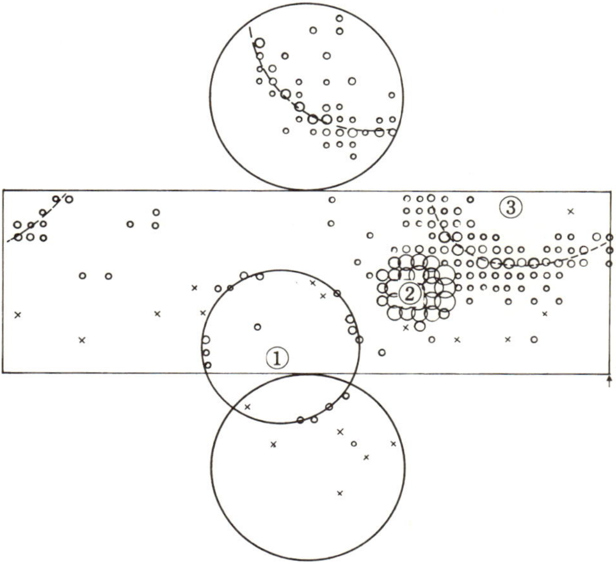

図2—9　神岡陽子崩壊実験の事例

私たちは同じような事例が3例くらい見つかるまでは何ともいえないと、用心深い態度をとっていました。その後こういう例は見つからないので、これはやはり宇宙線ニュートリノによる事象だったのだろうという解釈に落ち着いています。この実験装置については後に詳しく述べます。

・ドリフトチェンバー

高エネルギーの粒子衝突において発生する多数の荷電粒子の、それぞれの飛跡を精度よく測定し、しかも大量のデータをコンピュータに取り込めるようにしたのが、ドリフトチェンバーと呼ばれる装置です。詳しいことはあまり専門的になりますので省きますが、原理は気体を封入した容器の中に、あまり強くない一定の電場を設定し、荷電粒子の飛跡にそってつくられた電離電子が電場の方向に一定の速度で走り、終局的には信号線の近くで加速され、シグナルを与えます。このシグナルが発生した時刻を正確に測ると、その電子がどれだけの距離を走ってきたかがわかり、もとの飛跡の空間座標がわかるというわけです。

これを用いた実験結果の例を図2—10に示します。

これはドイツのハンブルクにある、ドイツ電子シンクロトロン研究所に建設された高エネルギー電子・陽電子衝突装置 PETRA を用いて、東京大学のチームが行った国際共同実験（JADE＝JApan-Deutschland-England）によるものです（JADE の実験装置は33ページの図1—4を参照してください）。

この図で、陽電子は紙面に垂直に上から、電子は同じく紙面に垂直に下から走ってきて、図の中央で衝突します。

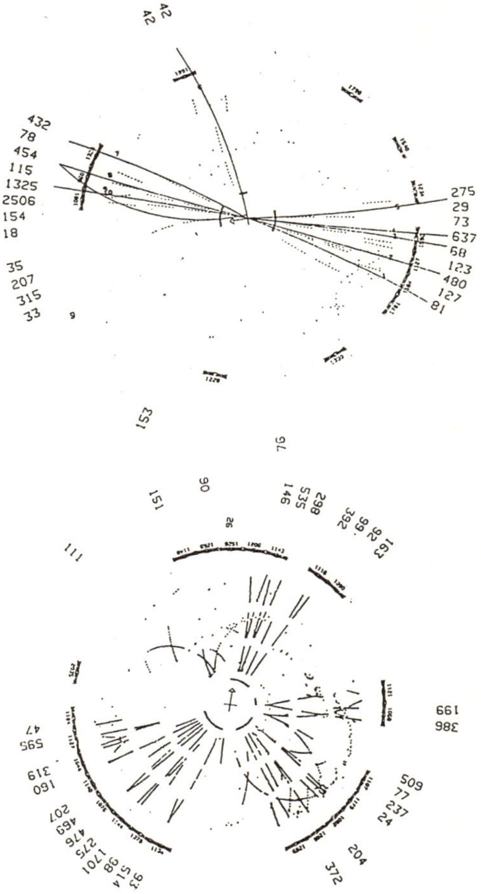

図2—10　JADEによる実験結果の事例

上の図では、荷電粒子の束が逆向きに２つ出ている事象（このタイプが大部分）を示しています。また下の図では、荷電粒子の束が、３つに分かれているのが見られます。２つの逆向きの荷電粒子の束は、電子・陽電子の対《つい》消滅によってつくられたクォークと反クォークがお互いに反対方向に走り出し、それぞれがすぐいくつかの中間子に壊れたと解釈されます。

また、下の図では、クォーク・反クォークのほかに、クォーク間の強い力を媒介する粒子、グルーオンが放出されたと解釈されます。こういうデータを、数多く解析することによって、クォークのスピンが1/2であることや、グルーオンのスピンは理論の予想通り１であることや、グルーオンとクォークとが結び付く相互作用定数も決定することができました。

JADE によるグルーオンの実験的研究は、他の PETRA 実験と共に、後にヨーロッパ物理学会の特別賞を受けました。多くの人はご存じないと思いますが、このグルーオンの発見は電磁気学における力の媒介粒子である光（電磁波）の発見にも相当するもので、これによって後に述べる強い力を記述する色力学が実験的に検証されたことになります。

素粒子観測の実例をいくつかお目にかけたわけですが、これにより皆さんが少しでも素粒子を身近に感ずるようになっていただけたらと願っています。

素粒子の分類からクォークへ

いくつかの素粒子のふるまいを写真で示しましたから、

いくぶんかは親しみをもたれたのではないかと思います。ここで、記憶しておいてほしいのは、私たちは素粒子そのものを見たのではなく、それらの動きがつくった小さな擾《じょう》乱《らん》を雪崩で増幅して見ているのだということです。飛行機に乗って高空から砂漠を走っているトラックを見下ろしたとき、トラック自体は見えなくても、それの起こす砂煙で、どの場所をどのくらいの速度で通っているのかを推定するのに似ています。

さて1950年代に入ると、加速器でいろいろな「素粒子」が発見されました。宇宙線で見つかったパイ中間子は、すぐに加速器でつくられました。またそうやってできたパイ中間子を陽子標的に当てて、そのふるまいを調べる実験がフェルミらによって行われ、Δ（デルタ）という陽子や中性子（まとめて核子）の励起状態が初めて発見されました。これは核子が本当の意味の素粒子ではなくて、内部構造を持っているらしい徴候の最初の現れです。このΔについては、もう少し後にまた述べます。

またパイのほかにも多くの中間子が発見されましたが、これらの中間子族や核子族を整理するには、そんなに複雑な模型を必要としません。問題は、宇宙線で発見されていた奇妙粒子とミュー粒子を、どのように統一的に位置付けるかです。

ミュー粒子について知られていることは、静止質量が電子の200倍くらいで、それ以外の性質は電子と変わりがありません。そこで、ある有名な学者は「いったい、だれがミューなんか注文したんだ」と歎《なげ》いたくらいです。

また、奇妙粒子は高エネルギーの衝突で、パイ中間子と同じ程度につくられているから強い力が働いているはずなのに、その崩壊寿命は長すぎます。といっても、これら奇妙粒子の平均寿命は、１億分の１秒から100億分の１秒くらいのものですが、強い力が崩壊を引き起こしているのなら、この寿命はさらに、この１兆分の１くらいに短くなるはずです。これが奇妙と名づけられた理由です。

これら新しい奇妙粒子の理解の第一歩は、これらに新しい量子数、奇妙度、を付与することによってなされました。これは、当時大阪市立大学におられた若き西島和彦、中野董夫両氏と、アメリカのゲルマンの名前をとった法則として知られています。

ミュー粒子のことは、いちおう考慮の外において、奇妙粒子も含めた物質、「素粒子」の分類は世界の理論屋が競い合いました。日本でも当時名古屋大学の坂田昌一先生が、３種類の基本粒子を想定する、いわゆる「坂田モデル」を提唱し、中間子の分類までは成功しました。しかし重粒子も含めて、すべての「素粒子」の分類に成功したのはアメリカのゲルマンとイスラエルのネーマンです。

３種類の基礎粒子クォークを用いるこの模型では、陽子と中性子の違いに相当するｕ（上向き）とｄ（下向き）クォークのほかに、新たにｓ（奇妙）クォークを想定し、このクォークが奇妙度という量子数を持つものと考えたのです。

中間子は、クォークと反クォークの組み合わせによってつくられています。こうしてつくられる中間子は３×３＝９種類あるわけですが、それは８種類の組と１個だけの組に分かれます。そのようすを図２—11に示します。

$$3 \otimes \bar{3} = 1 \oplus 8$$

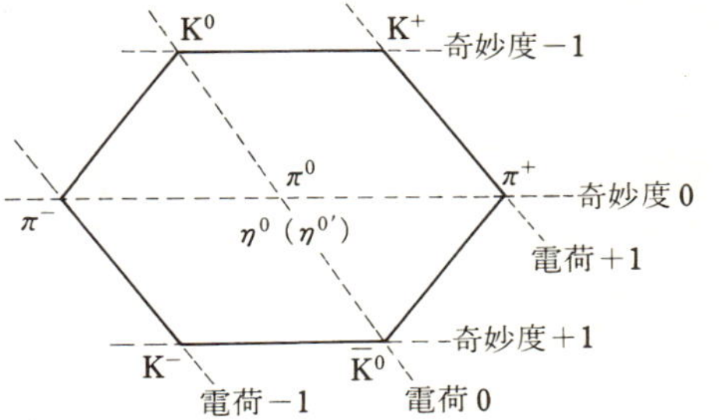

図２―11　９種類の中間子の組み合わせ

さて、重粒子はクォーク３個からなるものと考えます。３×３×３＝27のうち、10個組が１つ、８個組が２つと、１つだけの組に分かれます。普通の核子（陽子と中性子）を含む重粒子は８個組です。重粒子の１個組は最初に宇宙線中に見つかったΛ^0（ラムダ）粒子です。

図２―12はスピンが3/2で、偶奇性プラスの重粒子が10個組をつくっているようすを図示したものです。

ご覧のように、これらの粒子の質量（垂直の高さ）には規則性があって、奇妙度に比例して増加しているように見えます。この図の一番上にある奇妙度マイナス３のΩ^-粒子は、見つかっていなかったのですが、現在アメリカにいる日本人学者大久保進氏らの質量予言により、Ω^-探しが強力に推し進められ、ブルックヘブン国立研究所の泡箱実験グループが発見しました。このグループには、後に東京大学の教授になられた山本祐靖氏も参加していました。そのΩ^-のつくられている泡箱写真はすでに図２―５で示しました。

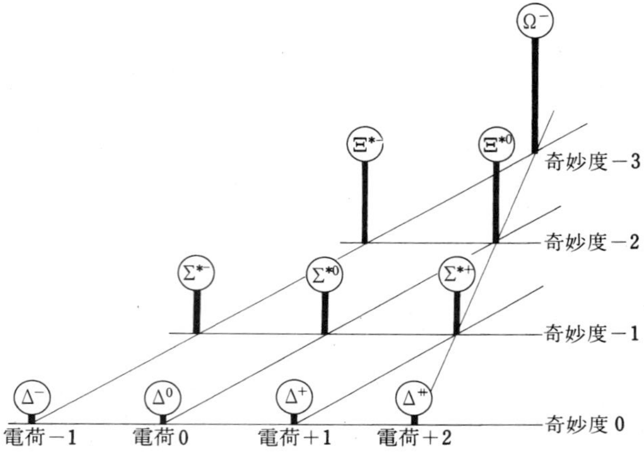

図2—12　スピンの分類

このように、u、d、s、3個のクォークを基礎とする3元模型は、200を超える中間子や重粒子をうまく分類することに成功しました。

表2—1は、これら3種類のクォークの他に、その後見つかったクォークも含まれています。

これらのクォークは、これまでの素粒子と、際立って異なる性質を持たせられています。つまり、持っている電荷が電子の電荷の整数倍ではなく、プラス2/3とかマイナス1/3になっています。こんな「はんぱ電荷」の粒子は、今まで一度も観測にかかったことがありません（実をいえば、電荷に単位があることを初めて示したミリカンの油滴実験には、「はんぱ電荷」が出た例が1例だけ記録されています）。「はんぱ電荷」というのは、きわめて特徴的な性質ですから、クォークを探す実験が世界中でいくつも行わ

表2—1 クォークの量子数

香り ＼ 量子数 Q	上向き Up  u	下向き Down  d	奇妙 Strange  s	魅力 Charm  c	ボトム Bottom  b	トップ Top  t
電荷 Q	＋2/3	−1/3	−1/3	＋2/3	−1/3	＋2/3
スピン S	1/2	1/2	1/2	1/2	1/2	1/2
アイソスピン $I(I_Z)$	1/2 (＋1/2)	1/2 (−1/2)	0	0	0	0
奇妙度	0	0	−1	0	0	0
チャーム度	0	0	0	1	0	0
ボトム度	0	0	0	0	1	0
トップ度	0	0	0	0	0	1
質量 (1MeV)	3	6	100	1300	4200	175000

れましたが、いまだに見つかっていません。

パートン

加速器からの高エネルギー粒子、特に電子を陽子にぶつけて何が起こるか調べた実験で、陽子の半径が有限であることがわかった以外に、どうも陽子の中には堅い粒が何個かあって、それが電子と衝突しているらしいようすが見えてきました。

有名なファインマンは、量子電気力学で、朝永先生、シュヴィンガーとともにノーベル賞を受賞した人です。発想が非常に独創的で、以前から宇宙線での超高エネルギー核衝突における2次粒子の数の増え方等から、粒子の中には、いくつかの堅い芯が存在して、それらのスピンはおそらく1/2であろうと推定し、これをパートン（部分子）と名づけました。

この動力学的に想定されたパートンと、静力学的な分類に威力を発揮したクォークが、はたして同じものであるかどうかが、それからの何年間かの実験的研究の的となりました。

いま理解されている陽子の描像は、次のようなものです。つまり陽子は、それぞれスピン1/2の3個のクォーク、uudからつくられていますが、そのほかに、これらクォークの間の強い力を媒介するグルーオンも放出されたり、吸収されたりして、飛び交っているでしょうし、またグルーオンが新しいクォーク・反クォーク対をつくったり、またクォーク・反クォーク対が対消滅してグルーオンになったりと、きわめて複雑な状態でしょう。ファインマンのパートンは、これら全部、つまり３つのクォーク以外に、グルーオン、クォーク、反クォークも含めたものだと考えられます。

素粒子の３ファミリー

このように、３クォーク模型は相当の成功をおさめましたが、1974年の11月、新しいクォークが劇的に発見されました。１つは陽子がベリリウムの原子核にぶつかったときにつくられる２次粒子の中に、非常に頻度は低いけれども、電子と陽電子をきちんと選び出して測ってみたところ、その電子と陽電子はある一定の静止質量を持った粒子が壊れたものらしいという事実が発見されました。

一方、すでに運転していたスタンフォード大学の線形加速器から出てきた電子と陽電子をぶつける相互衝突装置でも、電子と陽電子をちょうどよいエネルギーでぶつけると、反応が急激に増えて、パイ中間子などがたくさんつくられていました。

こうしてそのエネルギーが陽子の質量の３倍ちょっとというところに、そのような新しい粒子状態が見つかりました。それを解析してみると、実は、これは前に述べた上向きクォーク、下向きクォーク、それから奇妙クォークのほかに、４つ目のチャームというクォークもなければならないということを示していたのです。

その性質をいろいろ調べてみると、上向き、下向きのクォークと、電子と電子ニュートリノが１つのファミリーを形成していたのです。それから、今度見つかったチャームと奇妙の２つのクォークと、ミュー粒子とそれと対になっているミュー・ニュートリノが第2のファミリーをつくっています。

その2つのファミリーが完結したから、それでめでたしめでたしかなと思いましたし、理論屋さんも、そう考えた人が大部分だったと思います。

タウ粒子の発見

ところが、同じ電子・陽電子衝突装置の実験で、また新しい発見がありました。それは何かというと、ミューよりももっと質量の重いタウ（τ）という粒子が発見されたのです。

タウという粒子は、いろいろな意味でミューによく似ていて、ただ質量だけがミュー粒子の10倍以上ある。それと対になるニュートリノというのもあるらしい。そうするとこれは、第1ファミリーに入れることもできないし、第2ファミリーにも入れることができない。そうすると第3のファミリーを考えなければならないのか、ということになりました。

そして今度は、アメリカのフェルミ国立加速器研究所でやっていた実験で、チャームよりもっと質量の大きい新しい種類のクォークがあるという実験事実が出ました。これをビューティ・クォークと呼んでいる人もいますが、普通はボトム・クォークと呼んでいます。

そうすると、新しく見つかったタウ、それからタウの相棒で恐らく存在するであろうタウ・ニュートリノ、その上にボトム・クォーク、その上にくるものとして、普通はトップ・クォーク（トゥルース：真実という言葉を使いたいという人もいる）と呼ばれているもう１つのクォークを想定するのが自然でしょう。そのトップ・クォーク探しが筑波の高エネルギー加速器研究機構の電子・陽電子衝突装置、トリスタンの最大目標の１つになっていましたが、残念ながら見つかりませんでした。トップ・クォークはアメリカのフェルミ国立加速器研究所の陽子・反陽子衝突実験でずっと高い質量のところに見つかりました。これで３つのファミリーがそれぞれ完結したわけです。

クォークの色

これで、上向き、下向き、奇妙、魅力、ボトム、そしてトップと６種類のクォークが導入されました。６つの異なる香りのクォークが存在するという人もいます。ところが、クォークには、色も考えなくてはならなくなりました。つまり色も香りもあるクォークというわけです。

ことの始まりは、図２―12に示した重粒子の10個組の粒子の中で、特にΔ^{++}とΩ^{-}のことです。これらの粒子はスピンが3/2、偶奇性がプラス（空間座標を反転したときに波動関数が符号を変えない）ですから、Δ^{++}の場合にはｕクォーク３個がそれぞれ同じ状態にあって、しかもそれぞれ1/2のスピンを同じ方向にそろえて結び付いている。またΩ^{-}の場合には同じように、奇妙クォークが３個同じ状態で結び付いていると考えるのが自然です。

ところが、思い出してみると、クォークのようにスピン1/2のフェルミ粒子は、同じ状態に１個以上は入れないはずです。このジレンマを解こうと、いくつかの理論的モデルが提唱されましたが、解決はシカゴ大学にいる南部陽一郎先生の3色モデルでケリがつきました。つまり、クォークは香りを指定しただけでは、一義的に決まらず、どの色かということを指定しなくてはならないというわけです。

したがって、Δ^{++}やΩ^{-}にある3つの同じ香りのクォークは、実は3つの異なる色状態にあるので、フェルミ粒子に対する先ほどの制限をまぬがれることができます。そればかりでなく、3原色が一緒になって、無色（白色）になったときはエネルギーが低く、実際の観測にかかるほど安定であると仮定します。すると、色のついた状態の粒子、たとえば単独のクォークが実際の観測にかからないということが説明できます。つまり、色のついた状態はきわめてエネルギーが高いので、現実につくりだすことができないし、またなんらかの状況でつくりだされたとしても、観測にかかるほど長生きはできないということです。

このクォークに色を考えるというモデルは、その色をクォーク間に働く強い力の源（電荷が電磁力の源であるように）とする量子色力学として大きく発展しました。つまりクォークはグルーオン（これ自身色を持っている）を放出することによって、自らの色が変わり、グルーオンを受け取ったクォークも色が変わるという形で、強い力が媒介されるわけです。

これでおしまいなのか

それでは、この3つのファミリーで完結したのか、第4のファミリーというのがあるのかないのかという問題が残っています。

これに関して宇宙初期の元素合成の解析から、ニュートリノファミリーの数は３であるとの結論をシカゴのシュラム教授が出していましたが、CERN の電子・陽電子衝突装置 LEP によるＺゼロの崩壊を精密解析した結果、ファミリー数は３であることが確定しました。東京大学の国際共同実験 LEP-OPAL も大きな役割を果たしました。

しかし、ここで振り返ってみると（図２―１参照）、３つのファミリーが存在していて、スピン1/2のクォークには、スピンが左巻きの状態（これをＬ状態という）と、右巻きの状態（これをＲ状態という）が独立に存在するので、各ファミリーに15の素粒子が存在することになります。ニュートリノがゼロでない静止質量を持っていたとすると、Ｒ状態のニュートリノも存在することになって、各ファミリーのメンバー数は16になります。さらに３ファミリーありますから、合計少なくとも45の異なる素粒子が存在し、素粒子の場合には反粒子は別の粒子と考えるから、全部では45の２倍、したがって、少なくとも90個の異なる素粒子があって、それらが宇宙の基本的な素粒子であるというのが現在の見方です。これはどう考えてみても多すぎて、これらが本当に全部素粒子なのですかという疑問は、皆さんもお持ちになるだろうし、多くの物理学者も、そういう疑問を持っているようです。

そこで物理学者の中には、いや、本来は、根源的なファミリーというのが１つあって、それがなんらかのいまだ知られていない相互作用によって、１番目、２番目、３番目というふうに次々とファミリーができたのだ、という説明を試みようとする人もいるし、クォークのときと同じように、こんなにたくさんあるクォークは、もっと根源的な、もっと種類の少ない素粒子からつくられているという立場の理論を考える人もいます。

しかし、実験がもっと進まないことには、どういう考え方が正しいのか決め手がないので、いまのところまだ大きな進歩はない状況です。

いい忘れましたが、いまいった素粒子は物質の根源になっているという意味の素粒子で、これらの素粒子のほかに、力を媒介する粒子というのがあります。

実は、基礎粒子の話がこれで終われば、まだ気が軽いのですが、このほかにも、いまの素粒子の理論では必要だとされていながら見つかっていない粒子がいくつかあります。しかし、そこまで立ち入ると専門的になりすぎますから、このくらいで一休みにしておきましょう。

ここでちょっと寄り道して、物理学でよく出てくる保存則について説明しておきましょう。

保存則の意義

パウリが、ベータ崩壊のときに、ニュートリノが放出されていなければ困るといい出したのはどういう理由からであったかというと、そうでなければエネルギー保存則と運動量保存則と角運動量保存則が満たされなくなるからです。

そんなものは満たされなくてもかまわないじゃないか、結局は、エネルギー保存則にしても運動量保存則にしても、いままで実験していた限りではそれが満たされていたというだけであって、たまたまベータ崩壊のときにそれが満たされないという現象が初めて見つかった、なぜそれじゃいけないのかという立場も原理的にはあり得ます。

ところが、考えてみると、たとえば角運動量保存則は、

「私たちの自然現象が起こる3次元の空間のどの方向も特別にひいきされていません（空間の等方性）。だから、空間のどっちの方向を座標軸にとっても自然を記述する法則は変わらないはずです」

という、もっと一般的な原理から導き出される保存則です。

また、たとえば運動量保存則というのは何かというと、

「この空間のどこの場所へ行ってもみんな一様であって、だから、どこの場所へ行って自然法則を書きあらわしても同じ法則が得られるはずです」

ということに由来する保存則です。

では、エネルギー保存則は何かというと、

「時間の過去であっても未来であっても、時間のどの点で物理現象を記述しても同じ法則が得られるはずです」

という原理から導かれる保存則です。

私たちにとって非常に基本的な意味を持つ、時間とか3次元空間の持つ対称性に直接由来する保存則だとすれば、それらが破れるということは大変なことになります。そういった意味で、何としても救わなければという気になるわけです。

このような保存則の例は他にもあります。電磁気学のごく初歩のころに習った、反応の初めと反応の終わりでは電荷の総量は変わらない。つまり電気の総量は増えも減りもしない。これは「電荷保存の法則」という名前で呼ばれていますが、これも、法則に従わない現象がいままで見つか

っていないというだけの、要するに経験的な法則なのか、あるいはエネルギー保存則のように、より一般的な原理から出てくる法則なのでしょうか。

電荷量の総和が保存するという法則は、マクスウェルの電磁理論の方程式が、ある種の変換に対して不変であるということに由来しています。それは何かというと、電子の状態をあらわす波動関数を知れば、電子の位置や速度を、時々刻々知ることができ、また電荷や電流の分布の時間変化等もわかります。この波動関数の向きを世界中どこでも同じ角度だけ同じ方向に変えてやる、そういう操作に対して理論は不変で、つまり同じ答えを与えてくれる。これは１つの意味で空間のある種の一様性を示しています。そういう一般的な要請から、電荷は必ず保存するというのが結論として出てきます。ですから、これもなんとしてでも壊したくない保存則の１つなのです。

ニュートンの力学では、互いに一定方向に等速で動いている座標系は同等です。つまり同じ物理法則が成り立っています。これをガリレイ変換に対する不変性ともいいます。時間は３次元空間とは独立に流れています。しかし、速度が光の速度に近くなるとガリレイ変換はローレンツ変換に替えなくてはなりません。つまり特殊相対性理論の登場です。

この場合、時間座標と３次元空間座標とは互いに入り交じって変換されます。たとえばある粒子の固有寿命は粒子が光の速度近くで走っている時は長くなって観測されます。ミュー粒子の固有寿命は100万分の2.2秒ですから光の速度 3×10^{10}（cm/sec）で走っても660メートルしか走れないはずなのに、大気の上層でつくられたミュー粒子が沢山地上で観測されるのはこのローレンツ変換による時間の延びのお陰なのです。寿命は（全エネルギー／静止質量）倍だけ延びているのです。

ここでちょっと量子力学について説明しておきましょう。量子力学と聞いただけでもう嫌だという人も多いと思いますが、この本の理解に必要な最小限のことだけですから我慢してください。

古典力学との違いは記述する粒子を波と考えることにあります。ド・ブロイによる物質波の考えです。日本でも菊池正士先生が雲母の薄膜による電子線の回折現象（波に特有の現象）を発見されたことをご存じの人もおられるかもしれません。波と考えられていた光が、その吸収や放出で粒子としての性質を示して（プランクの光量子やアインシュタインの光量子仮説）波一粒子の二重性を示したように、電子のような素粒子も波一粒子の二重性を持つことになったわけです。

粒子は空間の一点にあるのに対し、波は空間に広がって存在するのですからこれは真に考えにくいことです。この二重性のためにハイゼンベルクの不確定性原理が成り立ちます。互いに相補的な物理量(たとえば時間とエネルギー、座標とその方向の運動量）は両方同時に限りなく精密には測定できないことになります。そのため極《ごく》短時間ならエネルギー保存則を破る状態も実現可能になるわけです。また固有振動数（これはその粒子の全エネルギーに比例する）の近い粒子状態の間では、振動数の差に相当する「うなり」の現象が起きてそれらの粒子状態の間で転移が起こります。これは第5章のニュートリノ振動で出てきます。

根源的な法則と便宜的な法則

一方、私が大学でも教わったし、大学を出て研究者になってからも、いつの間にかこびりついていた「重粒子数の保存則」というのがあります。これも電荷の保存則と同じようなものだと、いつの間にか思い込んでいたところがあります。

たとえば陽子を考えてみてください。陽子はプラスの電気を持ち、その静止質量は電子の静止質量の1800倍くらいで非常に大きな静止エネルギーを持っています。

それでは、この陽子がたとえばプラスの電気を持った電子、つまり陽電子と、それから電気を持っていない中性のパイ中間子（質量は陽子の約6分の1）の2つに壊れる場合を考えてみましょう。つまり止まっている（運動量ゼロの）陽子がなくなって、その一点から一方向に陽電子、その逆方向に中性パイ中間子が放出された場合を考えてください。

陽子質量に相当する全エネルギーを2つの粒子にうまく配分すると、両方の運動量を等しくすることができ、互いに逆向きですから全運動量はゼロのままです。全角運動量のうち考えねばならないのは、陽子のスピンですが、これは陽電子のスピンになったと考えます。したがってこの場合、エネルギー保存則は満たされている、運動量保存則も満たされている、角運動量保存則も満たされている、それから電荷の保存則も満たされていることになります。ところが、これまでの実験でこういう事例はひとつも見つかっていません。

普通、これだけのエネルギー差があったら、そんなことはしょっちゅう起きて当然のはずです。なぜそういうことが起きないのか、なぜいままで見つかっていないのか。それを説明するために重粒子数保存則というのをあとで人為的につけ加えたわけです。つまり、「陽子には重粒子数というものがあって、陽子の場合はそれが１だ。電子も、陽電子も、中性パイ中間子も重粒子数はゼロだ。だから、重粒子数１の状態から重粒子数ゼロの状態には移り変われない」。そういう説明をしたわけです。

これが先ほどからいっている、要するにいままでそういうものが見つからなかったから、これは保存則として、もう額に入れて飾っておけということなのか、あるいは先ほどの例のように、より深い、もっと根源的なことから導き出される保存法則なのかという違いをはっきり見定めなければいけないということのよい例です。いまの重粒子数保存則の場合には、それを導き出すような、より一般的な対称性は存在しません。つまりこれは便宜的に持ってきただけのものなのです。

たとえば、私が中学時代に、「ハトはよそへ持っていって放すと必ず巣へ戻ってくる、一体なぜだ」と質問したら、生物の先生が「それは帰巣本能があるからだ」といって、「帰巣本能」という字を黒板に書いて、それで説明終わりということがありました。中学生のころは、なるほど帰巣本能というものがあるのか、すごいことがあるんだなと思ったわけですが、そこでやられていることは何であるかというと、巣へ帰るという事実が観測されていて、それをただ言葉で表現しただけのことで、帰巣本能というのがより基礎的なものから導き出されたものではなかったのです。

重粒子数保存の法則も、「要するに陽子がより軽い粒子に壊れるのは、いままで見たことがない」という事実を言葉でいいかえただけの話で、それが完全にいつでも成り立つ法則だとは考えにくいのです。

現に、弱い力と電磁力が１つにまとめられたように、さらに強い力も１つにまとめようという「大統一理論」と呼ばれている理論によれば、陽子だって、しょっちゅうではないけれども、たまには壊れるんですよ、という結論が出てきます。それがどういう壊れ方をするかが、実験でもしつかまえられれば、どういう大統一理論が正しい理論なのかというのは見当がつくわけです。

それで、1970年代の終わりごろから世界中で、陽子は壊れるのかということを本気で調べる実験がほうぼうで始まったというのは、そういうことなのです。

自然界に働いているいろいろな力

自然界には、私たちの知る限り４つの力があります。その４つの力はそれぞれ特有の粒子を交換することによって力が生じると現在理解されていますが、本当にそんなことができるのかなと、思う人がいるかもしれません。力はどういうふうにして生ずるのかという現在の考え方は、恐らく皆さんが高校で習った力の生じ方とずいぶん違うと思います。

図２―13を見てください。静かな湖の上に小さな小舟が２艘とまっているとします。それぞれに人が乗っていて、

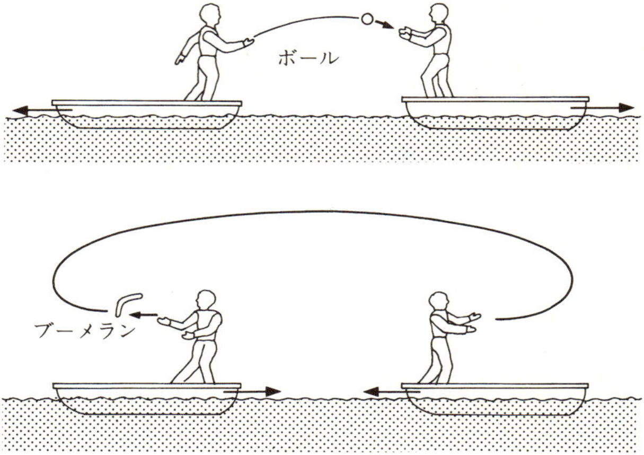

図2—13　力を橋渡しするもの

その人たちがキャッチボールを始めたと考えてみてください。

キャッチボールを始めたらどんな結果を生じさせるかというと、たとえば一方の人がボールを投げたときに、ボールがもう一方の舟のほうへ飛んでいくのと同時に、自分および自分の舟はその反動で、一方の舟から離れるように動き出します。ボールを受け取った人は、受け取った瞬間にボールの勢いを受けとめたということで、ボールも含めて自分と舟が後ろへ下がります。そうすると、離れたところから見ている人は、やりとりされたボールは見えないけれども、舟が互いに離れ始めた、何か反発力が働いたに違いない、そういうふうに見えるでしょう。

反発力の場合は、このようにうまく納得いく絵が描けますが、引力の場合はちょっと難しくなります。これは、ちょっとごまかしをしなければいけません。今度は、一方の人がオーストラリアの先住民が使うといわれているブーメランを、もう一方の小舟と反対の方向に投げたとします。その反動で、自分と自分の舟はもう一方の舟のほうに動き出すでしょうし、投げられたブーメランは、途中で何かにぶつからない限り、大きく輪を描いて投げた人のところに戻ってくる性質を持っています。

もし、戻ってきたブーメランを、もう一方の舟に乗っている人が受け取ったとします。受け取ったブーメランの運動量のために、その舟および人も初めの舟の方向に動き出すでしょう。遠くから見ていてブーメランの見えなかった人は、初め静止していた２つの小舟が今度は近づき始めたから、何らかの形で引力が働いたのだろうと考えるはずです。この比喩で何処《どこ》にごまかしがあるか解りましたか？

これらは非常に簡単なたとえですから、これを文字どおり取ってもらっては困るのですが、いまの物理学で力はどういうふうに生ずるかというと、このように何らかの粒子（この場合はボールやブーメラン）を受け渡しすることによって、引力が生じたり斥力《せきりょく》が生じたりする、こういうふうに考えています。

この簡単なモデルでも、受け渡しする粒子が重ければ遠くまで届かないから近距離力になるだろうと推論できます。湯川先生は逆に、力の有効距離は原子核の半径程度だろうと考えて、受け渡しされるパイ中間子の質量を電子質量の約300倍と推定しました。

力の統一的理解

実をいえば、この形の統一理論的認識の最初のよい例は、19世紀の終わりごろ行われました。その当時では全然別の作用だと思われていた磁気力と電気力の統一的理解です。恐らく現在でも、磁石の力と静電気の力は、全然別の種類の力だと思っている人もいるのではないかと思います。ことに19世紀の終わりごろといったら、それはどうやっても１つにまとめられそうなものとは思われていなかったのです。

ところが、特にイギリスの学者、ファラデーとかマクスウェルという天才たちが、その２つの全然違って見える力を、１つに統一して理論づける「電磁気学」という学問の体系をつくりました。

これは、実は非常によい理論で、あとでそういうことに気がついたのですが、その後出てくる特殊相対性理論にもちゃんと合っているし、それからもう１つ、これが最初に述べた新しい物理学での統一的理論の道を指し示す、言葉は非常に難しいのですが、「局所ゲージ場理論」という特別な形式になっていることがわかりました。

20世紀になって間もなく、アインシュタインの一般相対性理論というのが出て、これもやはり局所ゲージ場理論の形をしていることが判明しました。

局所ゲージ場理論というのはありがたいことに、基礎におく粒子の種類と、その粒子の持ちうるいろいろな対称性のうち、どういう対称性を持たせるかを設定しただけで、基礎粒子は互いにどんな力を及ぼし合うか、またその力を媒介するのは、どういう種類の粒子で、その波動方程式はどんな方程式か、というのが自然に導き出せます。

これは大変にありがたい理論形式です。局所ゲージ場理論のお陰で、いろんな力を記述する理論が、わりに効率よく、最近何十年かのあいだに、より大きな統一、より大きな統一へと進むことができたのです。

Ｚゼロの発見

1983年、ジュネーブにある CERN というヨーロッパ連合原子核研究機関でエネルギーの大きな陽子と反陽子を衝突させる加速装置を使って行った実験で、Ｚゼロという粒子とＷのプラスとマイナスという粒子が見つかり、その発見者たちが翌年ノーベル賞を受賞したというニュースを、ご記憶になっている方もあるかもしれません。

ところで、ＷとかＺという粒子の発見は何を意味していたのでしょうか。マクスウェルらによって統合された電磁気学、つまりそれが書きあらわす現象は電磁気力の現象ですが、その電磁気力と、今度は原子核のベータ崩壊（これは皆さんがよく耳にすることでは、たとえば放射能雨の中のストロンチウムがどうのこうのというので、非常にいやな印象を持たれる人も多いと思います）とか、一般には、ある粒子が何か別の粒子に壊れる現象を支配している弱い力とを統一した理論が実験的に検証されたということなのです。

電磁気力は、原子と原子が結び付いて分子になるとか、あるいは分子と分子がくっついて、また大きな化合物をつくるとか、私たちの日常生活に関係することはほとんど全部、電磁気的な力が支配しています。

一方弱い力は、先に述べたように、原子核がたとえばベータ線を出してほかの原子核に変わるとか、パイ中間子という素粒子がミュー粒子とニュートリノに壊れるときに働く力で、日常生活にはあまり関係がないような力だと思われています。実は太陽が水爆のように一度に爆発してしまわないで、何十億年にわたって一定のエネルギーを私たちに送り続けてくれるのは、この弱い力がブレーキになっているからなのです。

標準理論

その２つの力、つまり電磁気的な力と弱い力を、もう１つ高い立場に立って１つに統一した理論（これはいま「標準理論」という名前が特につけられています）が本当に理論屋さんの予想したとおり、正しい自然の記述になっているということを実験的に最終的な確認を与えたのが、Ｚゼロと Ｗプラス・マイナスの発見だったのです。ここで１つ頭に置いておきたいことは、統一した標準理論もやはり、先に述べた局所ゲージ場理論という形式の理論にのっとってつくられています（ただし、このときは本来ゼロ質量のＺやＷに、大きな静止質量を与えるという、ちょっとした細工を施す必要がありました。これはあまりに専門的になるので、ここでは述べません）。

強い力

これまで自然界の２つの力、電磁力と弱い力についてお話しましたが、３番目の力は、戦後間もなく湯川先生がノーベル賞をもらった理論で導入された力で、強い力と呼ばれています。それは何かというと、原子核はプラスの電気を持った陽子と、それから電気的に中性で、質量が陽子とほとんど同じ中性子がいくつか集まってできている。これは皆さんも高校で習ったことだと思います。

思い出してみてください。そこでは、同じプラスの電気同士では反発力が働きます。したがって、プラスの電気を持った粒子と電気的に中性の粒子を狭いところに押し込めておくためには、プラス同士の反発力を何とか打ち消すような、より強い引き合う力が必要で、それが働かなければ原子核はバラバラになってしまいます。

それはどんなタイプの力だろうかと湯川先生は考えたわけです。それは電磁気力に比べてずっと強い力だけれども、ある距離以内だけに働くというタイプの力だろう。では、どのくらいの距離まで有効に働くかというと、実際に存在している原子核の半径程度には働いているはずです。この半径は非常に小さく、たとえば1センチの1兆分の1というような長さです。

湯川先生は、そのくらいの半径まで有効であるとすれば、そういう力を媒介する粒子の静止質量はどのくらいであるはずだと推定して湯川粒子、現在ではパイ中間子と呼ばれるものを予言しました。

詳しいことは省きますが、後になってこのパイ中間子が宇宙線や加速器からの高いエネルギーの粒子の衝突の際につくられることが実験的に証明されて、めでたしめでたしと一時はなりました。しかし実は、この強い力については、このあとさらに理解が大きく進みます。

強い力の見直し

しかし物理屋としては、それだけでは満足していられないので、次にクォークとクォークが3個、うんと狭いところに集まっていられるのは一体どういう力によるものかという問題を考えました。やはりこれは前に述べた、原子核が1つに集まって固まっていられるために必要とされた湯川先生のパイ中間子を媒介とする強い力と同じ種類の力がクォーク同士に働いていなければ困るわけです。

それでは今度、クォーク同士を結びつけている強い力を運ぶ担い手は何か、その担い手に「グルーオン」という名前がつけられました。「グルー」というのは英語で糊という意味です。グルーオンもクォークと同じく、粒子として直接実験にはかかっていませんが、これらがいくつかの普通の素粒子（パイ中間子など）に崩壊していると思われる事象が、高エネルギー電子・陽電子衝突で、たくさん見つけられていますので、ほとんどすべての物理学者はこれらが実在すると考えています。クォークに色を考えることによって、このクォーク間の強い力を記述する量子色力学が完成したのはすでに述べました。

この量子色力学もやはり、局所ゲージ場理論の形をしています。

そうなると、先ほど話した、同じような局所ゲージ場理論というタイプになっている標準理論と、さらに今度、局所ゲージ場理論の別の形である強い力の理論、これをさらに統一して、強い力、電磁気力、弱い力をすべて統一的に記述できるような局所ゲージ場理論はつくれないか、という話になります。

もちろん、もう1つ残っている重力と、先ほどちょっと述べたアインシュタインの一般相対性理論は、局所ゲージ場理論の1つの形をしていますから、これも最終的に取り込んでしまいたいところです。

全自然界を記述する理論はこれ1つである、こういうのを狙いたいわけです。残念ながらまだ、実験の検証がきちんとされたという意味では、標準理論、すなわち電磁気的な力と弱い力を統合した理論までです。しかし、これが最終的な物理の理論だと思っている人は誰もいません。1つには標準理論に内在する任意パラメーターの数が多過ぎることもありますし、なぜ電子のマイナス電荷は陽子のプラス電荷を正確に打ち消すのかも説明できません。標準理論は、ある状況（低いエネルギーの現象、いいかえれば低温の現象）のもとでのみ成り立っている近似的な理論だと考えられています。

それが現在の物理学の状況です。

それでは、こんなふうな素粒子という、いわば自然界のぎりぎりの構成要素を追い求めていくという努力、同時に、自然界に働いていると思われる4つの力すべてを統合して、究極的にはたった1つの理論で全自然界を記述しようという狙いの微小世界の素粒子物理学と、私たちのもう一方の極にあるうんと大きなものを扱う天文学、あるいは宇宙物理学とはどうかかわり合うのか、あるいはかかわり合わないのかということを考えてみましょう。

大きなものといえば、地球、太陽系、銀河系、さらには銀河系のような星雲がたくさん集まっているような星雲集団、それらがさらに散らばって存在しているような、究極的には私たちの知り得る限りのすべてのものを含んだものとして宇宙を考えます。その宇宙の広がりは、素粒子の半径に比べて桁違いに大きなものです（44桁以上も違う）。一体、宇宙の理解がどういう形で素粒子の理解と密接に絡み合っていくのか。実は、その様子を述べたいというのがこの本の狙いの１つなのです。

第3章 星の一生と元素の創生

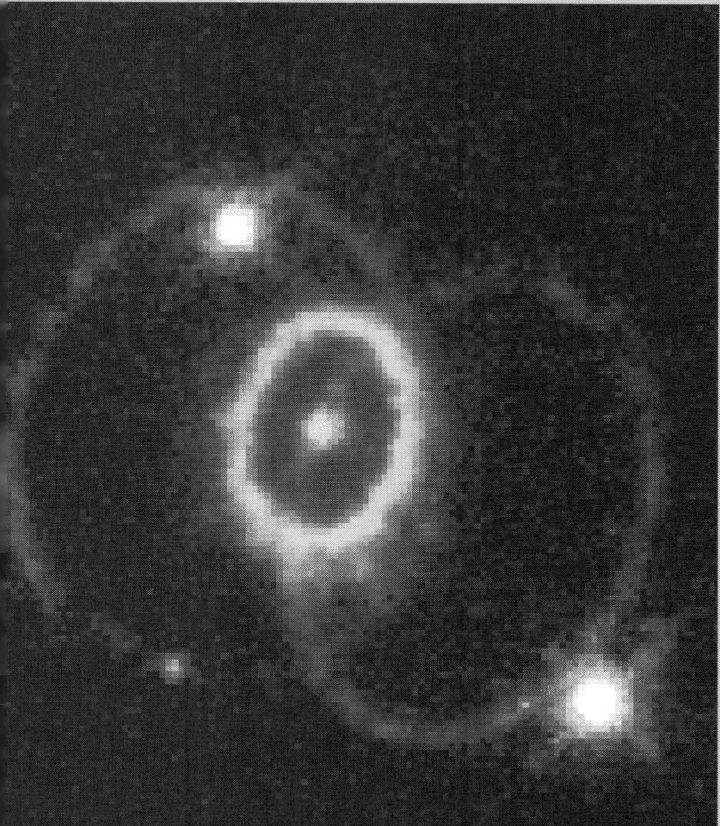

Neutrino

元素の創生

この世界にはいろいろな元素がありますが、それらはどこで、どのようにしてつくられたのかという問題から述べてみたいと思います。

私が中学のころ習った物理、化学では、元素というものは永劫不変なものであって、人力をもって、ほかの元素に変えることはできないと教わっていました。しかし、いまでは高等学校でも教えているように、元素はたとえば高エネルギー粒子をその原子核にぶつけることによって、ほかの原子核に変えることができますし、自然放射能で自然に他の原子核に変わることも知られています。原子核が変わるということは元素が変わるということです。したがって元素というものは決して未来永劫にわたって不変なものではないということを、私たちはすでに知っています。

私たちの体をつくっている元素には、水素、酸素、炭素、そのほかに微量ですが、金属元素とか、いろいろなものがあります。そういうものは一体どうやって何処でできたのか。もし、これらの元素がそれぞれ未来永劫にわたって不変なものであるというならば、誰か、たとえば神のような存在が、最初に一定の量だけつくって、かくのごとくあれ、というようなことがあったと考えるよりほかありません。

しかし、元素がほかの元素につくり変えられることがわかった以上は、一体そういう元素がそれぞれ固有の分量だけ、どのようにしてできたのかということが問題になってきます。

ガモフのイーレム説

元素の起源について問いかけた人に、ロシア生まれの物理学者ガモフがいます。もう何十年も前に、ガモフは、世界の創造のときは、実は非常に高温で高密度の中性子の塊であったと述べています。

よく知られているように、中性子というのは原子核の外、つまり密度の小さいところに出てくると大体1000秒くらいの寿命で壊れて（ベータ崩壊）、陽子と電子と反電子ニュートリノに壊れるということになっています。ですから、中性子の非常に密度の高い塊が膨張を始めたとすると、一部の中性子は崩壊して陽子と電子をつくります。それと同時に反電子ニュートリノも出しますが、これはただちに飛び去ってしまいます。

そうなると、今度は中性子と陽子がくっついて重陽子になるという反応がすぐ起こり、そのときガンマー線を出します。ガモフの考えたのは、重陽子に陽子をつけてヘリウム３をつくり、それにまた中性子をつけてヘリウム４にする、さらに次々と重い元素を、中性子をくっつけてベータ崩壊をさせることによりつくっていこうという考えを出しました。

ガモフ先生は非常に冗談の好きな人ですから、

「キリスト教の神は全世界をつくるのに１週間かかった。この中性子の塊（彼は「イーレム」という名前をつけた）、俺のイーレムは10分間で全世界をつくっちゃった」

といって自慢していました。

しかし実は、この方法ではヘリウム以上の重い元素はつくれません。それはなぜかというと、きわめて簡単な理由があって、ヘリウムの原子核は、陽子、中性子などが全部で4個集まってできています。ところが、これら粒子が5つ集まってできた安定な原子核は存在しません。したがって、できたヘリウム原子核に、もう1つ中性子や陽子をくっつけようと思っても、くっついてくれないのです。それではヘリウム同士をくっつける可能性はどうかというと、その場合もヘリウムとヘリウムをくっつけた原子核は不安定で、すぐ壊れてしまいます。つまり質量数5と8のところにそれぞれ深い溝があって、飛び越えられないわけです。それでは、ヘリウムより重い元素は一体どうやってできたのでしょうか？

ヘリウムより重い元素

宇宙がある瞬間から始まったというのは、実に画期的なものの考え方でした。それに対してすぐ、「いやそうじゃない。宇宙というのは未来永劫にわたって一定の姿をしており、定常状態にあるんだ」といった有名な天文学者もいます。

おもしろいことには、宇宙が定常状態だといっていた人たちが、後に元素合成の溝を飛び越える方法を発見しました。それはどうするかというと、ヘリウムを2つくっつけたベリリウム8は不安定ですが、何らかの方法でヘリウムをいっぺんに3つくっつけることができたとします。その結果は炭素12という原子核になって、これは安定です。

それでは、そういうことがどういう場所で起こり得るかというと、2つがお互いにぶつかるのも、密度が薄いところではあまり起きませんから、3つが同時にぶつかり合うのは、よほど密度の大きいところでなければ起こり得ないはずです。

それと同時に、ヘリウムの原子核はプラス２の電荷を持っていますから、プラス２とプラス２の電荷がくっつこうとすると、どうしても電気的な反発力があります。それを

お互いのヘリウムの原子核が相当な
る必要があります。つまり温度が非常
ません。そういう条件を満たしている
くのは、星の中はどうだろうというこ

立って、星の中でどういうことが起こ
いうのが理論屋さんによって計算さ
誕生から、成長して死んでいくまでの
ました。また元素がどのように創生さ
かってきました。

まれてきたのだろうかというのをまず

ころは、恐らく陽子とヘリウムと、そ
存在していたと思われます。陽子とヘ
の割合であったかというと、大体ヘリ
くらいと考えられています。なぜその
か、それは宇宙の一番最初の状態とニ
何種類あるかによって決まるわけです
で述べることにして、とにかくいまの
の１くらいのヘリウムを含んだ水素の

ガスが満ち満ちていた、そういうところから出発しましょう。

私たちは実験室の中では、たとえばある真空の入れ物の中にガスを入れると、ガスはその容器いっぱいに一様に満ちていきます。それを、私たちは当然のことと思っています。

しかし、星のあいだの空間とか宇宙空間のような、非常に広い空間を考えて、そこにガス体がいつも一様に満ち満ちているというのは、実はかえっておかしいことで、ある場所である時には密度が高くなって、それがまた低くなってというふうに、しょっちゅうフラフラと動いているはずです。

ある瞬間に、その密度の増え方がある程度以上になると、そこのところは物質がほかよりも余計に集まったのだから重力が強くなります。そうすると強くなった重力で、もっとたくさんの物質をまわりから引き寄せようとするでしょう。すると、密度はまた大きくなり、より遠くのものまでも引っ張り寄せることになります。

恐らく星の誕生は、そういう格好で始まったのだろうと考えられています。

そのようにして、次第にまわりのガスを重力によって吸い寄せて大きな質量となった、生まれたての星は、重力によってガス体を身近に集めてくるにしたがって、当然温度が上がります。ガスを圧縮すると温度が上がることは、私たちはすでによく知っています。温度が上がったままで、その熱エネルギーを外に放出しなければ、重力と高温になったガス体の圧力がつり合ったところで収縮は終わるはずです。

ところが温度が上がってくると、皆さんもよく知っているように、まず赤外線を出します（こういう状況を調べるために、赤外線天文学が活躍しています）。さらに収縮が進むと目に見える可視光を出します。光を出すのはエネルギーを外に放出しているということですから、その分だけ中の温度は下がります。それに伴って中の圧力も下がります。そうすると、今度は重力のほうが勝って、さらに押し縮めます。また温度が上がる、圧力が上がるということが繰り返されます。

そういうふうにバランスを保ちながら、だんだんとガスの塊は収縮していき、それにより表面の温度も上がり、大きさも小さくなっていきます。しかし、もし重力の位置エネルギーしかエネルギー源がないとすれば、このガス体はそんなに長いあいだ光っていられません。質量にもよりますが、たかだか数千年しか光れないはずです。ところが、太陽の寿命は40億年以上あるということを、私たちは隕石の分析等からすでに知っています。

主系列の星

それでは、光り続けるためのなにか別のエネルギー源が必要ですが、それは何だろう。理論屋さんが考えたのは次のようなことです。４分の３の水素と４分の１のヘリウムが、次第に密度の濃い塊に収縮していくあいだに、重いヘリウムのほうが内側に沈んでいって、外側に水素の層ができます。すると表面から中に入るに従って温度は高くなっているはずです。水素層の一番底の陽子の温度がある温度以上になると、陽子と陽子の電荷の反発力を乗り越えて、お互いにくっつき合う可能性が出てきます。

そのようなときに、陽子と陽子がくっついたというだけでは安定ではないが、くっついたときに、一方の陽子が陽電子を出して中性子に変わり（それと同時に、もちろん電子ニュートリノを出す）、それがもう1つの陽子とくっついて、結果としては重陽子と電子ニュートリノができることになります。このとき重陽子の結合エネルギーの分だけエネルギーが得られます。いったん、重陽子ができると、それからはいろいろな通り道がありますが、究極的にヘリウム4に到達することは容易です。

したがって、究極的には陽子が4個、そのうちの2つは弱い力で中性子に変わって（それと同時に電子ニュートリノを2個出す）、そして陽子2個と中性子2個になってヘリウムの原子核をつくります。このとき、陽子4個の状態とヘリウム1個の状態では、エネルギーがだいぶちがいますから、その反応によってヘリウム原子核の結合エネルギーに相当する核融合エネルギーが得られます。

水素の層の一番底でそういうことが起こると、その場所でエネルギーが発生しますから、この新しいエネルギー源が温度を上げ、ひいては圧力を上げ、その結果このガス体がそれ以上重力によって押しつぶされないようになります。つまり、一定の半径を保って、一定の光を出し続けるわけです。

核融合エネルギーといいましたが、人類がいま持っている水爆のように、一瞬のうちに全エネルギーを一挙に爆発させてしまわないで、じわじわと40億年以上にもわたって光り続けていてくれるのはなぜでしょうか。それは途中に弱い力が働かなければヘリウムをつくれませんから、弱い力がブレーキになっているわけです。そのため、じわじわと長い時間にわたってエネルギーを私たちに与えてくれているわけで、弱い力も死の灰ばかりでなく、すばらしい恩恵を私どもに与えてくれているのです。収縮を始めたガス体はこれで一人前の星になったわけです。

その星は、そのとき集まったガス体の質量によっても寿命がいろいろ違って、大きな質量のものほど進化が速く、小さい星は遅いのです。

いずれにしろ、水素の層の底で、いま述べた4つの陽子を1つのヘリウムにじわじわと変えていくという反応をやっている状態の星のことを「主系列の星」と呼びます。名前はともかくとして、星の一生でこの時代が一番長いのです。

太陽は主系列に属する星ですが後のこともありますので、ここに太陽内の核融合についても少し詳しく説明しておきましょう。

弱い力の助けを借りてpとpが融合してdと e^+ と ν_e に変わった（このとき出る ν_e の最大エネルギーは 1.44MeV です）後dはすぐpと融合して ^3He になります。こうしてできた ^3He のうち86パーセントは $^3He+{}^3He={}^4He+2p$ で ^4He に変わりますが、残りの14パーセントはすでにある ^4He と反応して ^7Be になります。できた ^7Be の大部分の98.9パーセントは電子を捕獲して ^7Li に変わり、このとき 0.86 MeV の単色 ν_e を出します。

^7Li はpをつかまえて2個の ^4He に変わります。ごく少

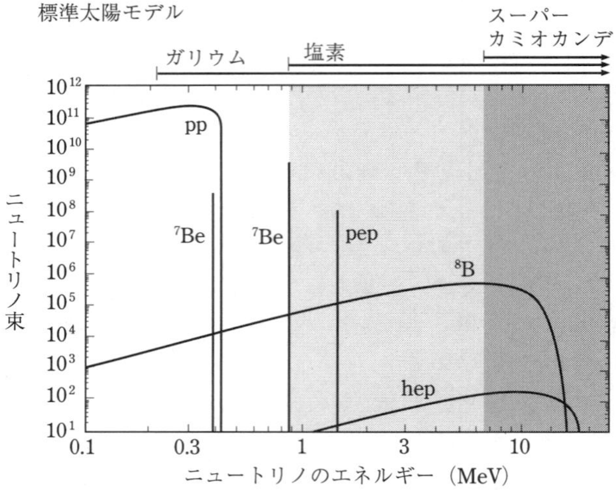

図3—1　太陽から期待されるν_eのエネルギースペクトル

量0.11パーセントの^{7}Beはpを捕まえて^{8}Bになり、この^{8}Bは^{8}Beにベータ崩壊して、その際最大エネルギー15.08 MeVのν_eを放出します。^{8}Beはすぐ^{4}He 2個に崩壊します。この他、C（炭素）とN（窒素）を触媒にした反応がありますが、これはもっと大質量の星の場合には主力反応になっても、太陽の場合は小さな寄与しかありません。これが大体の筋道です。

理論的に期待される太陽からのν_eのエネルギースペクトルを図3—1に示しました。ここには先述以外の細かな寄与も含まれていますが、注意していただきたいのはいろいろな実験の検出最小エネルギーが示されていることです。

赤色超巨星

主系列の状態が続いているあいだ、水素の層の底では水素を食いつぶしてヘリウムの灰がつくり出されています。そのため、それより内側のヘリウムの層は、だんだんと質量が大きくなっていきます。水素の層のほうは、一番底のところで燃えている水素の核融合反応による圧力で支えられているからよいのですが、内部のヘリウムのほうは、水素層の重みに加えて自分自身の質量がどんどん大きくなっていくので、重力で内部の圧力が次第に大きくなり、内部の温度も上がっていくことになります。

密度と温度が上がってくると、ある温度、密度の状態から、前に述べた3つのヘリウムが同時にぶつかり合って、そのときガンマー線を出し炭素12になるという反応が起こり得るようになります。それがいったん起こると、これは弱い力を全然使っていないから一挙に進行します。そうすると、ヘリウムの芯のところに新しい熱源ができるわけですから、ヘリウム自体が一挙に膨張します。それと同時に、外側の水素の層も膨張して、表面温度が下がり、その星は主系列星という状態から、半径が大きくて表面が赤く光る赤色超巨星という状態になると考えられています。これから先の進化はわりに速いはずです。

今度は、そうやってできた炭素が、また内部に徐々にたまっていくでしょう。たまった炭素の灰が、またある程度以上になると、自分の重みで一番芯のところの温度が上がって（密度が上がって）、炭素と炭素がぶつかり合い、さらに重い元素になるという反応が起きます。こういうことが次々と起こっていきます。

鉄の芯

それでは、どこまでそういうことが進んでいくのかというと、芯が鉄の原子核になるまでです。実は、鉄の原子核はエネルギー的には一番安定な原子核なのです。

たとえば、物がどのくらいしっかり結びついているかをあらわすときに、「結合エネルギー」という言葉が使われることがあります。結合エネルギーとは、バラバラにしておいたときに比べて、くっつけたときの状態の全エネルギーがどのくらい下がっているかという、その差をあらわします。

鉄の場合、原子核から１個の陽子（あるいは中性子）を取り出して別々にするために必要なエネルギー（粒子の結合エネルギーと同じ量）の量が一番大きいため、もっとも強く結びついているといえます。

そうだとすると、鉄の灰の量が増えていって、自分の重力で押しつけられて中のほうが熱くなったとしても、鉄と鉄がくっついて、もっと重い元素になってエネルギーを出すわけにいかなくなります。鉄と鉄を無理にくっつけよう、あるいはバラバラにしようと思ったら、エネルギーを出すのではなくて、まわりからもらわなければそういうことは起こり得ません。そうなると、いままで順々に起こってきた核融合反応とは何か違うことが起こらねばならないはずです。以上述べてきたことを図３―２に示してあります。

量子力学的縮退

一体どういうことが起こるのか、詳しいことは難しいの

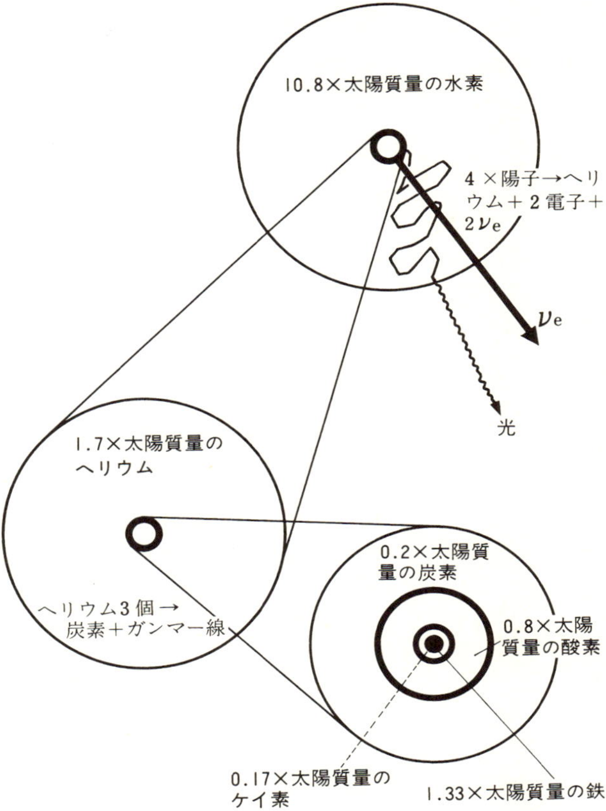

図3—2　赤色巨星が超新星になる直前

ですが、大体太陽の質量の1.4倍くらいの鉄の芯が中にできると、その鉄は自分の重力を、鉄の中にある、原子核のまわりの電子の圧力（量子力学的縮退圧）で支えていたのが、支えきれなくなります。

素粒子のところで述べたことですが、電子とか陽子、中性子のようなフェルミ粒子は、１つの状態に１個しか入れないという特別な性質があります。これは量子力学に特有なことなのですが、たとえば、炭素の原子に電子がどのように配置されているか見てみましょう。

炭素の原子は原子核のプラスの電気が６個ですから、まわりに６個の電子が回っていますが、一番近づいたところにある軌道を通っている電子は２個です。なぜ２個かというと、電子にはスピンという性質があり、スピンには上向きの状態と下向きの状態があります。したがって、合わせて２個が、一番内部の、一番エネルギーの低い原子核に近いところに入っています。それ以上、電子はその軌道に入れないから、その次の電子はもっと遠くを回っている、よりエネルギーの高い軌道に乗らなければならないわけです。

物質の中でも、たとえば、いまいった大きな鉄の塊の中でも、電子は一番エネルギーの低い状態から順々に積み重なっています。したがって終わりのほうの電子は、相当エネルギーの高いところにいなければならないのです。エネルギーの高いところにいる電子は、それだけの圧力をつくるわけです。電子のエネルギーが低いところに全部集まれるならば、圧力はうんと小さくなりますが、いまいった電子の性質のために、やむを得ず高いエネルギーの状態でいなければなりません。その電子のつくる圧力が、鉄の重力を支えているのですが、いまいったように鉄の質量が太陽質量の1.4倍を超えると、重力のほうが勝って、電子の圧力では支えきれなくなって、ガサッとつぶれてしまいます。これが超新星の引き金だと考えられています。

超新星には、詳しくいうと2種類のタイプがあり、いま述べたのが第II種超新星で、星の死ぬときと考えていいと思います（第I種超新星はこれ以前の段階で、核融合の暴走が部分的に起きたものと考えられています）。

目で見る超新星

それでは、つぶれた鉄は結局どうなるのかという問題ですが、このときにいろいろな反応が起こります。ごく簡単にいえば次のようになります。

つぶれて密度が大きくなり、温度も上がってくると、鉄の原子核はガンマー線を吸収して分解し、電子は陽子の中に押し込まれてしまいます。電子が陽子の中に押し込まれると中性子になって、そのときに電子ニュートリノを出します。そういうことがいろいろ起きて、中心に落ち込んでいく鉄の灰は分解され中性子ばかりになり、芯のところではどんどん密度が上がって、原子核と同じくらいの密度になってしまいます。原子核と同じくらいの密度になると、それ以上は圧縮できません。

圧縮できない理由は何かというと、これも究極的にいえば、中性子も1つの状態に1個しか入れないという性質を持っているから、だんだんとエネルギーの低いところから埋まっていって、終わりのほうの中性子は高いエネルギー状態にしか入れないということです。

引き続いて落ちてくる、おくれてきた鉄の塊のへりの部分は途中で一部中性子に変換されますが、先にすでに固まってしまったかたい核ではね返されて、外向きの衝撃波ができます。衝撃波は、ワーッと外側に広がっていきます。

衝撃波とは、たとえば、広島の原爆の写真の「キノコ雲」を想い出してください。キノコ雲の形は、爆発でできた衝撃波が伝わっていく波面です。衝撃波の通った直後は、その場所の物質はものすごい高温になります。超新星の爆発は、それよりも規模が桁違いに大きい爆発です。

そうすると、鉄のつぶれていった芯のところで発生した衝撃波はだんだん外側に伝わっていって、まだ降りそそぐ中性子や鉄や、鉄のすぐ外側にあったマグネシウムとかケイ素などの層を通り抜けて、それらをどんどん熱くしながら、究極的には外側の水素の層まで届きます。そうすると、急激な温度の上昇によって水素の層のところが外側に吹き飛ばされ、同時に光をたくさん出し始めます。これが目で見る超新星です。実はこの衝撃波がエネルギーを失いながら、本当に表面部を吹き飛ばせるのかという問題は残っていますが、強いニュートリノ放射で後ろから押されることによって可能になるようです。この様子を図３—３に模式的に示しました。

次に、芯がつぶれてから、衝撃波が表面のところまで伝わって、光って見えるようになるまで大体どのくらい時間がかかるのでしょうか。これは、もちろん星の半径によって異なります。先に述べた赤色超巨星のような非常に半径の大きい星の場合、半日とか１日かかって、ようやく表面

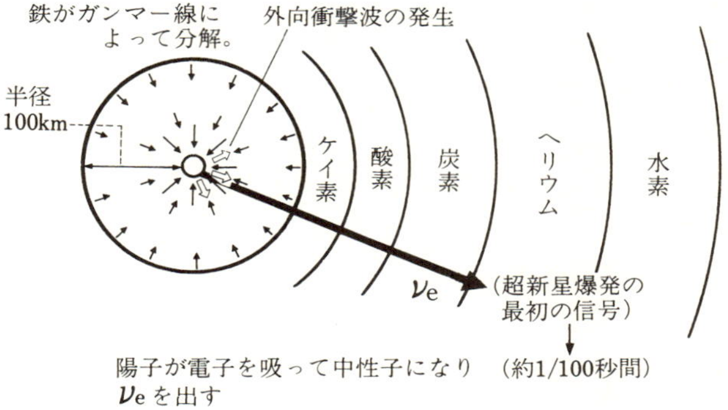

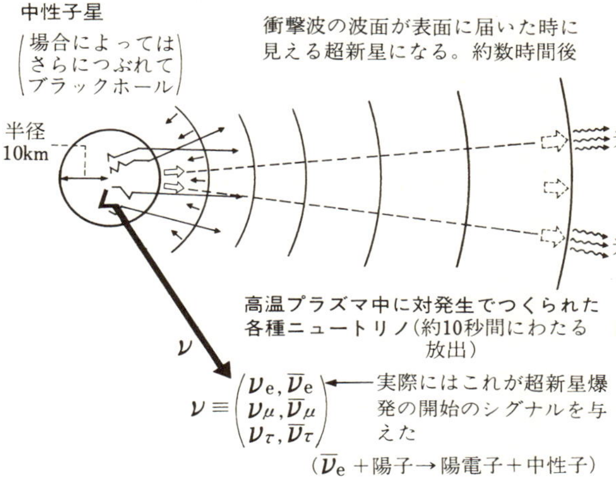

図3―3　超新星になった直後

が光って見えます。ところが、もっと小さな星なら、2時間とか3時間で表面が光り始めます。

中性子星とブラックホール

それでは、そのあとに残った芯は、原子核に近い密度で、しかも電子は陽子の中に押し込まれて中性子になっていますから、ほとんど全部中性子だけの塊ということです。それが、星の死ぬ直前の状態で「中性子星」と呼ばれているものです。

星というのは、ひとりぼっちの星もいますが、通常、非常にたくさんの星が連れ合いを持っています。連星といって、お互いのまわりをグルグル回っています。もし連星の片方がそういう爆発をして、あとに中性子星が残ったとすると、回転しているあいだに隣の星から外側の物質が中性子星に降り注いでくることもあるはずです。X線天文学の観測は確かにそういうことが起こっているらしいということを教えてくれます。

中性子星の質量がさらに大きくなって、ある段階にくると、鉄の重力が電子による圧力を打ち負かしてつぶれたように、今度は中性子による圧力も押しつぶして崩れていくはずです。そういうことが起きてつぶれたのがブラックホールだと考えられています。

星の一生は以上のようなものです。

鉄より重い元素と超新星爆発

この章の題目であった元素の創生ですが、星の中で、炭素とか酸素、それからネオン、ケイ素、マグネシウム、鉄、そういうところまではつくられるということが、わかったと思います。

それでは、鉄よりもっと重い元素はどうやってできたのでしょうか。そのとき、超新星爆発が大きな役割をしているらしいのです。

先ほど、つぶれた鉄の芯のところから大変強力な衝撃波が外に向かって出ていって、その通った直後では、ものすごい高温になるといいました。芯のほうから出てきた衝撃波が、その外側からさらに降ってくる鉄を分解し、たくさんの中性子ができます。すると、中性子も外側に向かって走り出します（もちろんニュートリノも外側に出てくる）。中性子はその近傍にある物質にどんどんぶつかって、より重い元素をつくっていくわけです。実際、中性子の瞬間的な強度を変えることにより、元素分布がどのように変わるかという計算がいろいろ行われています。宇宙にいま観測されている鉄より重い元素は、おそらく宇宙でこれまでに起こった超新星爆発のときに合成された重い元素だろうと理解されています。

ニュートリノの役割

超新星の爆発が起こると、その中でつくられていた元素や爆発の際につくられるもっと重い元素が、今度は宇宙空間に噴き出されることになります。そうすると、そのあとでガスを集めてできてくる星は、水素とヘリウムだけではなく、最初は微量ですが、より重い元素を含んだ星になります。実際に星をいろいろ観測してみると、重い元素が多い星や少ない星と、いろいろ違いがあることがわかっています。これは星が誕生した時期の違いを反映しているものと理解できます。

いま、鉄の芯がつぶれたときに最後に中性子星が残って、目で見える超新星が生まれ、そのときに電子ニュートリノが出てくると述べましたが、電子ニュートリノばかりではなくて、実は前章の素粒子の話のときに述べた別の種類のニュートリノ、ミュー・ニュートリノとかタウ・ニュートリノ、そして、それぞれの反粒子、反ニュートリノもたくさん出てくると期待されています。

それは、衝撃波が通り過ぎた直後の、高温度になったプラズマ物質の中で、ニュートリノがそれぞれ反粒子と対になってたくさんつくられるからです。そうやってつくられたニュートリノが外へ出てきます。

ご存じのように、ニュートリノ族というのは物質と相互作用が非常に弱いため、ほとんど問題なく星の外にスーッと突き抜けてくるわけです。しかし、もともと考えてみれば、太陽の1.4倍の質量を持った鉄の塊、それが桁違いに小さな半径までつぶれてしまうわけですから、そのときの重力の位置エネルギーというのは大変なものです。そのときに得られる重力の位置エネルギーを何らかの形で外に放出しなければ、つぶれるということ自体不可能です。その膨大なエネルギーの99パーセント以上を担って外へ運び出してくれるのが、ニュートリノの役割です。

1つの超新星爆発のときに、ニュートリノたちが持ち出すエネルギーは大変な量です。それは太陽が出している全放射エネルギーと比べてみると、太陽が2.5兆年かかって放出する光のエネルギーとほぼ同じくらいのエネルギーを、たかだか数秒間のあいだにパッと持って逃げるわけです。

その超新星ニュートリノを世界で初めてつかまえたのが、神岡実験です。これは後に詳しく述べます。

第4章　宇宙のはじまり

宇宙をながめると

視野を大きく広げてみると、まず私たちの地球が属している太陽系というのがあって、太陽系自体は銀河と呼ばれる星雲の、わりに端に近いところに位置しています。銀河というのは、たくさんある星雲の１つで、そのほかにもいろいろたくさんの星雲があります。そこで、ここでは、とにかく、私たちが観測できるものすべてを含んだものを宇宙としておきましょう。

星雲の観測をしていると、ある法則性が見つかりました。元素の出す光には、ある特定の波長を持った光があります。その波長が、遠くの星雲から来ている光は赤いほう、つまり波長の長いほうにずれて見えます。これは「ドップラー効果」と呼ばれる現象で、その光を出している星雲が、光の速度に比べて無視できないような速い速度で私たちから遠ざかっていることを示しています。これを多くの星雲について整理してみると、遠ざかる速度がその星雲までの距離に比例しているということがわかりました。これは「ハブルの法則」と呼ばれて、宇宙に関する基本的に重要な観測事実の１つです。実は遠い天体までの距離を測ること自体大変難しいことで、それを述べるだけでも一冊の本になるくらいですが、ここでは省略します。

そうだとすると、時間を逆向きにして過去にさかのぼっていったときに、すべての星雲は１ヵ所に集まってくるでしょう。現在の距離とその速度から逆算すると、それは約150億年くらい前に一点に集結していたことになります。すると、宇宙は約150億年くらい前に一点で大爆発を起こし、それから膨張を続けて現在の姿になったという考え方が自然にわいてきます。そして、この大爆発をビッグ・バン（Big-Bang）と呼んでいます。

この宇宙のモデル、すなわち時間のある一点で大爆発が起き、それから膨張し始めて現在の姿になったという考え方は、初め、多くの人に受け入れられるものではありませんでした。

理由はいろいろあると思いますが、哲学的な反対もあったし、また天文学者の中でも非常に尊敬されている天文学者、たとえばホイルという人などは、
「いや、そんなはずはない。私たちの宇宙というのは無限の過去から、無限の未来にわたって一様な状態が続いている。星雲がそれぞれ遠ざかっていくために密度が少しずつ減少していく分は、その密度の減少した空間に新しく物質がつくられていって、それで密度の減少を補うのである。こういう形で宇宙は未来永劫同じ状態を保っている」

こういう考え方が出て、ビッグ・バン宇宙なのか、あるいは定常宇宙なのかという議論が非常に激しくたたかわされました。

宇宙誕生のモデル――ビッグ・バン・モデル

ビッグ・バン・モデルを推した中心人物はガモフという人ですが、この人はもっと具体的に宇宙誕生のモデルを提案しました。それによると、宇宙の最初は非常に高密度の中性子の塊で、それがある瞬間に膨張を始めました。

前章でもふれましたが、中性子というのは密度の大きな原子核の中にいるあいだは安定ですが、原子核の外に出ると自然に崩壊して、陽子と電子と、それから反電子ニュー

トリノになることがわかっています。その崩壊する平均の寿命は約1000秒くらいです。

したがって、ガモフが「イーレム」と名づけた高温、高密度の中性子塊が膨張を始めると、密度が下がるにつれて一部の中性子が崩壊して陽子と電子をつくり、反電子ニュートリノは、そのまま飛び去っていくでしょう。

そうやって陽子ができると、陽子のプラスの電荷にとらえられて、電子がそのまわりにくっつき、水素原子がそこでつくられます。さらに、そうしてできた陽子に中性子がぶつかってくっつくと、重陽子と呼ばれる粒子になるし、さらにもう１つ中性子がくっつくと三重水素の原子核、トリチウムというものができます。また、重陽子と陽子がぶつかってくっつけばヘリウム３という原子核ができ、それが中性子を吸収すればヘリウム４という普通のヘリウムの原子核になります。

このように、最初中性子の塊だったものから陽子とヘリウムの原子核をつくるのはきわめて自然で、やさしいことです。

ガモフは、これ以上に重い原子核は中性子をたくさんくっつけることによってつくれるだろうと考えてモデル計算をしましたが、それは前の章で述べたように非常な困難に遭遇して、定常モデルを叩きつぶすまでにはいきませんでした。

ところが、そのころからすでにいわれていたことですが、もし宇宙の初めのころに、そんなに高温で高密度の状態があったとするならば、その温度に相当する非常にエネルギーの高い電磁波が飛び回っていたに違いないわけです。

宇宙が膨張するにつれ、物質密度がだんだん低くなり、電磁波のエネルギーも下がっていきます。電子は原子核につかまって電気的に中性な原子になってしまい、そうなると光は物質粒子と相互作用をしなくなって自由に飛び回るようになるでしょう。

初期のころ、自由になった電磁波が現在も自由に宇宙空間を満たしているはずだということは、初期のビッグ・バン理論のモデルのころからいわれていたことですが、その当時の計算の精度からいって、あまり正確な推定はできませんでした。

第二次世界大戦中にレーダーの技術が急速に進歩して、戦争が終わったあとで、そのレーダー技術を使って大きな発見がなされました。まず、ペンジアスとウィルソンという人たちが宇宙に満ち満ちている電磁波を発見しました。電磁波の中でもマイクロ波と呼ばれている電磁波ですが、この測定を精度よくやってみると、絶対温度で2.7Kの温度に相当する電磁波です。しかも、その強度が方向によらず、きわめてよい精度で一定しているということがわかったのです。これはまさにビッグ・バンのモデルにとって、非常に強力な実験的サポートになったわけです。このことがあってから、ビッグ・バン・モデルは非常に多くの人に認められるようになりました。

いま、このマイクロ波の強度が方向によらず、きわめて一様であるといいましたが、実は1つだけ例外があります。それは何かというと、実はある方向に少し強度が強くて、その反対の方向には弱いということです。ところが、この強度の異方性というのは、私たちの観測器が宇宙のある一定の方向に向かって、ある速度で動いているという解釈をするときれいに消されて、残った異方性はどこを眺めても１万分の１以下のばらつきしかないということになります。

実は、このような高い精度での等方性というのは、宇宙の最初の爆発のときにどういうことが起こったかということに関して、きわめて重要な制限を与えることになりますが、この点はしばらく置いておきます。

爆発のゼロ点直後では？

さて、ビッグ・バン・モデルによるならば、宇宙の始まりの時期に、非常に高密度で高温度の状態が存在しました。それは時間をさかのぼるに従って、ますます高温度、ますます高密度の状態であっただろうということが想像できます。

そうだとすると、各時点での粒子――そのときどんなものが粒子として存在しているかというのは難しい問題ですが、それらの粒子が衝突するときのエネルギーはきわめて大きなものです。私たちが地上につくり得るような、どんな加速器を使ってもとうてい到達できないような高いエネルギーで衝突し合っていたのに違いありません。

一方、素粒子のところで述べたように、中性子とか陽子というものは、実は本当の基本的な物質の構成粒子ではなくて、より基本的なものとしてクォークというものを考える必要があります。クォークとクォークとのあいだに働く力は、グルーオンという粒子を受け渡しすることによって力が働いているということを述べました。したがって宇宙の初期のある段階では、クォークと反クォークがグルーオンと一緒に飛び回って、熱いスープのようになっていた時期がおそらくあったでしょう。

その前の段階というのは、実は相当想像力をたくましくしなければなりません。もっと高温、高密度の段階では、おそらく何らかの形での大統一理論、つまり弱い力、強い力、電磁気的な力、そういうものが１つに統一されたような理論が支配していたのだろうと想像されます。

さらに、もっと爆発のゼロ点に近づいたと想像してみると――どのくらい近づいたか数値でいうと、たとえば、１秒の100億分の１の100億分の１の100億分の１の100億分の１よりもっと短い時間です。爆発のゼロ点のごく直後には、想像される密度と温度から考えて、おそらく重力もほかの３つの力と同じように、１つの基本方程式に組み込まれて働いていたと考えられます。

ここで、私たちのいまの技術とか地球の大きさからくる制限についてふれておきます。たとえば、最新技術の１つである超伝導電磁石、いま私たちは10万ガウスくらいの強い磁石がつくれます。そこで、10万ガウスの超伝導電磁石を、地球上で一番大きな半径の円といったら赤道ですから、そこにびっしりと並べ続けて、プラスの電荷を持った粒子と、マイナスの電荷を持った粒子を反対方向にそれぞれ加速して相互衝突させたとします。

このときに期待できる衝突エネルギーは、いま現実に考えられている加速器計画よりは桁違いに大きな衝突エネルギーですが、それにしても、宇宙の爆発の初期のころの衝突エネルギーに比べたら、まだ1000億分の１くらいにしかなりません。そのくらい桁はずれに大きな衝突エネルギーの状況を、私たちは何とか理解しようとしているわけです。そのためにいま、何とかして宇宙の初期のときにつくられて現在まで生き残っているはずの粒子を探す実験が行われています。

反物質はなぜ観測されないのか

クォーク、グルーオン、それから弱い力、電磁的な力、さらには重力までを統一的に、ただ１つの理論で書きあらわせる可能性があるのか、いま本気で追究されています。それはまさに、宇宙の爆発のごく初期のころを何とかしてちゃんと書きあらわしたい、書きあらわせる理論をつくりたいということです。

最近になって（この20年間くらいの間に）、素粒子の理論屋さんが宇宙の問題と取り組む機会が大変多くなって、素粒子と宇宙の関係がものすごく密接になりました。これは大変よいことです。そのため理解も随分進んできました。一方では、これまでの宇宙の観測の成果を振り返ってみると、まだまだいろいろわからないことがあります。

たとえば、私たちが物質と呼んでいるものは、観測にかかる限り見ることはできますが、反物質と呼んでいるものは観測にかからないため見ることはできません。したがって私たちの宇宙は、物質はあるけれども、反物質は存在しないというような世界に見えます。しかし宇宙のごく初期のころは、非常に高温の状態で、クォークと反クォークが対になってできたり、対でつぶれたり、そんなことを繰り返していたに違いないと考えられています。

宇宙はそもそも、どういうからくりで始まったのか、まだよくわかりませんが、ごく初期のころは、すべての力を統一するような理論が働くような場所だったに違いないし、そこでは対称性が非常によく保たれていたに違いないと考えられます。

たとえば、鉄の一かけらを取り上げてみましょう。鉄は多くの場合、磁化して磁石になっているため、磁石の向きというのがあるわけです。それが何を意味しているかというと、鉄の中ではあらゆる方向が同等ではなくて、磁石の向いている方向はなんか特別にひいきされている方向になっています。すなわち空間が等方的であるということは、そこでは成り立っていないわけです。

ところが、その鉄をある温度（「キュリー点」と呼ばれている）以上に熱すると、鉄の磁場をつくっている個々の磁極がそれぞれ勝手な方向を向いて、全体としてはどっちも向いていないという磁場のない状態になります。つまり、温度が高い状態では等方的になって対称性がよくなります。

宇宙のごく初期には、私たちが加速器実験で経験した温度より、１兆倍も高いような温度があり、そういうところでは、私たちの考え得る、あらゆる対称性は保たれていたはずだと思うわけです。そうだとすれば、そこでは反クォークの数とクォークの数は同じだったはずで、それが、それぞれ３つずつくっついて物質になったとすると、物質と反物質というのは同じ数だけつくられたはずです。とすると、私たちに見えない反物質というのはどこへいっちゃったのか、また、まだ見えていない反宇宙というものがどこか別のところにあるのか、という問題が残ります。

ところが、どんな理論を考えても、同一の場所にあった反物質と物質のまざったものから、物質と電子だけをある場所に移して、反物質と陽電子を別の場所に移すというのは、大きなスケールでは絶対にできません。もし、すぐそばにあるとすれば、その境目のところで、物質と反物質とがお互いに消滅して、ガンマー線が出てくるはずです。そういうガンマー線探しがいろいろな実験で行われましたが、依然見つかっていません。

何かが起こった？

そうすると、何だかわからないけれども、ごく初期の物質、反物質というよりも、クォーク、反クォーク対称の時代から、物質、反物質非対称の私たちの時代にくるまでに、何かあったに違いありません。今この問題に取り組んだ加速器実験が米国と日本で競い合われていますがまだ最終結論に至っていませんし、あまり専門的になるのでここではふれないことにします。

さて、弱い力と電磁的な力を総合した標準理論に、強い力もつけ加えようという大統一理論によれば、陽子は何もしなくてもいつかは崩壊して光とニュートリノになると予言されました。だからこそ20年くらい前に、世界中で本当に陽子は壊れるのかという実験が、いくつか本気で始まったわけです。

一方、いろいろなタイプの大統一理論がありますが、もし大統一理論が本当だとすれば、おそらく磁気単極子と呼ばれている粒子もできたはずです。

磁気単極子というのは、ディラックという理論の大先生が、

「電気には、プラスの電荷とマイナスの電荷が別々に存在している。ところが磁気にはSとNがいつもくっついたものしか観測されていない。しかし理論的には、S極だけとかN極だけという磁極があっても不思議はないし、もしそうだとすれば、それらの磁気単極子の性質はこういうものだろう」

という理論を提案しました。

その後、大統一理論をいろいろ調べてみると、宇宙の初期に大統一理論が働いていた時期から、だんだん温度が下がって現在に至るまでのあいだに、やはり磁気単極子というのができたに違いない。そこで「磁気単極子を探せ」ということになりました。

そこで考えられた磁気単極子は、私たちが普通に素粒子といっているものより、桁違いに重い素粒子で、人工の加速器では絶対にできません。そうすると、宇宙の爆発のごく初期につくられた磁気単極子が、宇宙の膨張とともにスピードも遅くなって、フラフラとこの辺を飛び回っているのではないかというので、世界の何十ヵ所かで探しましたが、結局見つかりませんでした。

暗黒物質の本体

宇宙の観測から、まだほかにも、おかしなことがわかっています。それは宇宙の中には、私たちが光で観測できる物質とは別に、光を全然出さない物質が相当あるのではな

いか、宇宙全体でいえば、9割くらいは光では全然わからない物質ではないかといわれています。

それらは「暗黒物質」と呼ばれています。星雲くらいの段階でも、ある星雲を眺めて、そこからくる光の量から、どのくらいの質量の星が何個あるかというのを想定して、それを全部寄せ集めた質量を出します。それから今度は、星の集まっている塊の外側のほうを回っている星を眺めてみます。その星の速度は、近づいているか遠ざかっているかも含めて、スペクトルのずれで観測できます。すると、星の塊の中心からこれだけの距離のところにあるこの星は、少なくともこれだけのスピードで動いているというのがわかりますから、こういう測定をいろいろな距離のところでするわけです。

ところで、ある距離離れたところの星の速度は、どのくらいの重力で引っ張られているかによって決まります。そうやって、たとえば星雲の中にある全体の重力、つまり全質量を測定すると、光っている星から出した質量よりも大体一桁大きい。そういう観測事実が積み重なってきているわけです。

では、そういう暗黒物質というのは一体何なのか、宇宙の学問にとっても、素粒子の学問にとっても、これは大問題です。ある人は、それは宇宙の爆発のごく初期にできた、私たちのいままで見たこともないような粒子だろうといいます。またある人は、それとは別で、実は「超ひも理論」から期待される私たちの物質をつくっている粒子群とは別の、重力以外には相互作用のない、もうワンセットの物質群がある、というようなことをいっています。

この超ひも理論も、もとはといえばシカゴ大学の南部陽一郎先生の仕事から発展してきたもので、素粒子は点状ではなくて紐《ひも》のように１次元的にひろがったものと考え、重力の量子理論がうまくつくれそうな可能性が出てきています。

とにかく暗黒物質の本体は何かということは、これから先もどんどん追究されていくでしょう。

宇宙空間の磁場

もう１つ触れておきたいことは、ほとんどすべての星に磁場があることです。太陽にも磁場があるし、ときどき中の強い磁場が表面に顔を出して黒点になったりします。もちろん地球も磁場を持っています。

星と星とのあいだの空間にも、弱いけれども磁場があるということは観測でわかっています。それでは、星雲と星雲とのあいだにも磁場があるか。これも、さらに弱いけれども磁場があることが観測でわかっています。

先ほど述べた超新星爆発でできた中性子星は、おそらくものすごい強さの磁場を持ち、強い磁石になっているだろうと推定されています。それはなぜかというと、物質を非常に高い温度にすると電子と原子核が外れて、いわゆるプラズマという状態になります。このプラズマ状態では電子が自由に動き回るから、非常に電気伝導度がいい。理論からはっきりいえることは、もし非常に電気伝導度のいいプラズマの中に磁力線が通っていたとして、何らかの理由で、このプラズマが動いたとすると、磁力線はそのプラズマについて動いていくという性質があります。

たとえば、太陽より大きな星を形づくっている高温のプラズマがあり、その星がある瞬間につぶれて桁違いに小さな星になったとします。すると、それぞれの落ち込んでいくプラズマが自分の最初に持っていた磁力線を持って1ヵ所に集まります。したがって、できた中性子星は桁違いに強い磁石になっているはずで、推定によれば、1兆ガウスというような強さの磁場を持っていても不思議ではありません。

普通、星は回転していますが、地球の場合のように回転軸は必ずしも磁石の軸とは一致していません。ずれた磁極があって、それがグルグル回ると、マクスウェルの電磁気学によれば、磁場の時間変化に由来する電場がつくられます。桁違いに強い磁場から、桁違いに強い電場がつくられて、その電場で加速されて粒子が走り出します。すると、私たちが地球上で観測している宇宙線は、もしかしたら、そういう場所で強い電場によって加速されたものかもしれない、そういう可能性も浮かび上がってきます。

そうだとすれば、そうやって加速されたエネルギーの高い粒子がまわりのガスの原子核とぶつかると、今度は正負のパイ中間子とか中性のパイ・ゼロ中間子とかをつくります。そういうふうにしてつくられた、非常にエネルギーの大きいパイ・ゼロ中間子は、すぐ2つのガンマー線に壊れますし、パイ・プラス（パイ・マイナス）が真空に近いところを走っていれば、今度はミュー・プラスとミュー・ニュートリノ（ミュー・マイナスと反ミュー・ニュートリノ）に壊れます。

電荷を持った粒子、ミュー・プラスとかミュー・マイナスは、さっきいった星間磁場で曲げられますから、どっちへいくかわかりませんが、電荷を持っていないガンマー線とかニュートリノは真っすぐ走ります。もしかしたら、高エネルギーガンマー線とか高エネルギーニュートリノを観測することによって、「宇宙線の源」を見つけることができるかもしれません。

それを探す実験はたくさんあって、見つかったという報告例もあります。また、ニュートリノによってつくられたミュー粒子を観測して、この星は高エネルギーのニュートリノを出しているという報告もありますが、ニュートリノに関してはまだ確実なデータとはいえません。

1987年に起きた、大マゼラン星雲の中の超新星爆発のときにできた中性子星は、おそらく強い磁場を持っているはずです。最近、その星が非常に速く回転しているらしいというデータが発表されましたが、そうだとすれば加速が起こっても不思議はないわけです。

そういうわけで、私たちの神岡の実験も世界のいろんな実験設備も、大マゼラン星雲の超新星の方向から、はたしてエネルギーの大きいガンマー線が来るのか、あるいはエネルギーの大きいニュートリノが来るのか、まさに手ぐすね引いて観測しているところです。

大統一理論の信憑性を検証する

さて、大統一理論と申しましたが、この理論が実際に適用されるような高エネルギーの粒子衝突が地球では到底実現できないものであるならば、一体その理論が本当に自然を記述するのに正しい理論なのかどうかというのをどうやって検証したらいいのでしょうか。

また、大統一理論でもっとも簡単な形の理論は、すでに神岡の陽子崩壊実験などで否定されましたが、もっと違った形の大統一理論、たとえば「超対称」と呼ばれる性質、これはクォークにもガンマー線にも、ありとあらゆる粒子に固有角運動量の違う相棒を考えるという理論ですが、もしこの性質を取り入れた理論が本当だったとすれば、そのときに導入される、私たちが見たことのない新しい粒子も、宇宙のごく初期にはたくさんつくられたに違いありません。

それらの新しいたくさんの粒子の大部分は質量が大きくて、ほかの粒子に崩壊していくだろうが、それら新粒子のうちで一番質量の小さな粒子は、ほかの同じ仲間の粒子に壊れることはエネルギー的にできませんから、宇宙のごく初期からいままで生き続けていることでしょう。

それらの粒子は宇宙の膨張とともにだんだんとエネルギーを失い、つまり速度が遅くなって銀河系の中、あるいは太陽系の近くで飛び回っているうちに、太陽の重力につかまって太陽の中に取り込まれる場合もあるでしょう。

太陽ができてから数十億年の時間にわたって蓄えられた、そのような新粒子、これには、超対称の粒子ばかりではなく、たとえば磁気単極子のようなものも考えられますが、私たちは地上の観測で、そういう粒子を検出することができるのでしょうか。

ところが、地上でどんな大きな検出器をつくっても、そういう粒子が飛び込んできて、「あ、これが超対称粒子だ」、あるいは「これが磁気単極子だ」と見えるようになる可能性はほとんどありません。これは世界中の数千トン級の実験（神岡実験も含めて）の結果から、すでにわかっていることです。

しかし太陽はずっと大きな質量ですから、しかも、いまこの瞬間というだけではなくて、過去40億年くらいの間に蓄えられたことを考えると、太陽の中にそういう粒子がもしつかまっているならば、ずっと感度のいい探索ができます。実は、それはすでに行われています。

たとえば超対称粒子がつかまっていたとすると、平均的には、それと同数の反粒子もつかまっているはずです。そうすると、それらの粒子は、太陽の中を動いている間に、次第にエネルギーが小さくなって、おそらく太陽の中心のところに集まってくるだろうと考えられます。

そうすると粒子と反粒子が出会って対消滅という現象を起こして、ほかの粒子をいくつかつくるでしょう。そのときに、超対称理論の助けを借りて、どういう粒子がどのくらいのエネルギーで出てくるかという推定ができます。特に、ニュートリノがどのくらいのエネルギーで、平均何個出てくるかというのも推定できます。他の粒子は太陽の外に出てくるまでに何度も相互作用を繰り返しますから、親の超対称粒子に関する情報を、地球上の検出器まで届けてくれるわけにはいきません。しかしニュートリノをうまくつかまえることができれば、親の粒子に関する直接情報がとれるわけです。

ニュートリノが検出できるような相当大きな検出器で、しかもニュートリノが本当に太陽の方向から来たのかどうか判定でき、またそのニュートリノのエネルギーが測定できれば、実際に超対称粒子が、太陽の中に蓄えられているかどうかを探すことができます。実際、こういう探索は行われていますが、まだこれだという信号は世界中で得られていません。

同じような探索は、磁気単極子に対しても行われました。磁気単極子というのは、簡単にいえば磁石のN極だけとか、あるいはS極だけというものですが、大統一理論が何らかの形で本当だとすれば、宇宙の初期にたくさんつくられたはずです。ところが、世界中でのいろいろな実験にもかかわらず、いまだにこれだという発見はありません。

また、太陽の中に磁気単極子がとらえられていたとすると、磁気単極子というのは奇妙な性質を持っていて、これが触媒の働きをして陽子崩壊を起こさせるという作用があります（ルバコフ効果)。したがって、もし太陽の中に相当数の磁気単極子がためられているとすると、それぞれの磁気単極子が、その近くにいる陽子を崩壊させて、パイ中間子とか、そういうものをつくるはずです。

パイ中間子のうちで、プラスに電気を持ったもののうち何パーセントかは、正の電荷を持ったミューに壊れるはずです。ミュー・プラスは原子核に吸収されませんから、陽電子とニュートリノ2つ（つまり電子ニュートリノと反ミュー・ニュートリノ）に壊れるはずです。

これらのニュートリノのうち電子ニュートリノは、前に述べたような電子との弾性衝突で検出することが可能です。また、そのときに期待されるニュートリノのエネルギーはだいたい 35MeV のあたりだということもわかっています。したがって、もしそういう事象が太陽の方向から来たニュートリノで起こされているとわかれば、これは相当しっかりした信号になるわけです。

神岡実験でも、この方法で磁気単極子を探しましたが、まだ見つかっていません。しかしほかの実験よりも桁違いに厳しい磁気単極子の存在制限を与えています。これはなぜかというと、太陽のような大きな質量の数十億年にわたる累積効果を活用して、太陽を実験装置の一部に使うということをやったために得られたものです。

インフレーション宇宙という考え方の導入

さて、当然できていなければならない磁気単極子は一体どこへいったのでしょうか。

私たちは、素粒子の理論を適用することによって、宇宙のごく初期のころのことをだんだんと理解できたと思っていました。しかし科学の進歩のいつもの例にたがわず、新しい理解があると、また新しい困難が出てくるわけです。１つは磁気単極子はどこへいったか、物質と反物質の非対称は一体どのように起きたのか、また前に述べた2.7Ｋのマイクロ波の電磁波は、なぜそんなに高い精度で一様なのかなどの問題が出てきます。

そのような説明できないことが出てきて、それを解決するため理論屋さんたちが、今度は「インフレーション」ということをいい出しました。それはどういうことかというと、宇宙のごく初期のある段階で、宇宙は相転移を起こしたという考えです。

「相転移」というのは聞き慣れない言葉ですが、たとえば水はだんだん温度が下がってくると氷になります。同じ水という物質には違いないけれども、液体である水と固体である氷は、また性質がだいぶ違う。そういうことが宇宙のごく初期に起きたということです。

そうすると、相転移の起こり方というのは、各箇所で種になるような新しい状態の粒が何ヵ所かできて、それがだんだん成長していって新しい状態の領域が広まっていくと考えるわけです。詳しい説明は、まだ決定打がないので、立ち入りませんが、とにかく、そういうふうな新しい状態の小さな泡が急速に膨張しました。

それで「インフレーション」という名前がつけられましたが、そのインフレーションが、ある段階で終わって、その後普通の意味での宇宙の膨張がありました。そしてインフレーションがとまったときに、相転移の潜熱によって、また宇宙が熱せられました。もしこれが本当だとすると、もともときわめて微小な部分から急激に拡大したのだから、その前にたくさんつくられていた磁気単極子は、微小な部分に含まれていたほんの少しの量しか存在しないのだと考えられます。それからもう1つは、そういう微小な部分が急激に膨張したから、そのどの部分もきわめて一様だろう。それから、インフレーションが終わったとき、また潜熱が出て熱せられるということもうまく使えば、物質と反物質の非対称性を説明するのに好都合です。

いろいろな議論がありますが、何らかの形で宇宙の初期のある時期にインフレーションということが起きたのはだいたい間違いがなさそうです。

ビッグ・バンにどこまで迫れるのか？

さて約150億年もの、そんな昔に起きたビッグ・バンに理論だけではなくて、実験的にどこまで迫れるかを考えてみましょう。

先に述べた2.7Kのマイクロ波はビッグ・バンから約30万年たったころ、自由に宇宙を飛びまわり始めたと思われます。このころ、宇宙の温度は4000Kくらいで、それ以前に生成されたイオン H^+、D^+、$^3He^{++}$ や $^4He^{++}$ が電子をつかまえて中性原子になり、もはやこの温度の輻射の吸収がなくなったからです。そこでこのマイクロ波を実験的に詳しく調べることによって、このころまでさかのぼることが可能です。星雲のような構造ができ始めたのは、ビッグ・バンから約1万年くらいたってからです。

ニュートリノも光と同様に、物質粒子と相互作用をしなくなってからは自由に宇宙を飛び回っているはずで、現在の温度は1.9Kと推定されています。ニュートリノの場合は弱い力しか働かないので、物質との分離は光の場合よりずっと速く起きます。このきわめて低エネルギーの宇宙ニュートリノを観測することは、大変難しく、まだ成功の見通しがたっていませんが、これができると、一挙にビッグ・バンから1秒くらいの時点まで迫ることが可能となります。

クォークとグルーオンの状態から、中性子と陽子の状態に相転移するのは、ビッグ・バンからだいたい100万分の1秒くらいのころで、それから約100秒の間に、先に述べたガモフのイーレムのように、H^+、D^+、$^3He^{++}$ や $^4He^{++}$ といったイオンをつくるものと考えられています。宇宙の初期にこれらの元素（さらには極微量のリチウムも）がどんな割合であったかを古い世代の星のスペクトル分析などで調べることは、ビッグ・バンから約100秒後の状態を観測することになります。こうした観測を説明するには、ニュートリノの種類は３種類でなくてはならないと結論されたことはすでに述べました。

1989年８月に始まった CERN の巨大な電子・陽電子衝突装置 LEP で、Ｚゼロの精密測定をすることによってニュートリノは３種類あることが決定的に示されました。

ビッグ・バンから1000億分の１秒以内では、素粒子の標準理論で出てきたＺゼロやＷプラス・マイナスが飛びかって、電磁力と弱い力は本当に統一された形で働いていたことでしょう。大型加速器実験で標準理論の精密テスト、あるいはどこで標準理論が破れているかを探索することは、ビッグ・バンから1000億分の１秒に迫ることにあたります。

さらにさかのぼって、ビッグ・バンから１秒の１兆分の１の１兆分の１の、そのまた100億分の１以内の時期は、前に述べた大統一理論（なんらかの形での、強い力と弱い力・電磁力との統合）の世界で、磁気単極子の探索や陽子崩壊の探索、あるいは生き残り超対称粒子の探索は、宇宙の始まりのこの時期に迫ろうとするものです。また、このころになんらかの形でインフレーションが起こったと考えられます。

もっとさかのぼって、ビッグ・バンから10のマイナス45乗秒、つまり１秒の１兆分の１の、１兆分の１の、１兆分の１の、そのまた10億分の１くらいの時間内は、重力をも含めた、すべての力が統合された理論の支配する世界で、このころ全宇宙の直径は１ミリ以下だったでしょう。

現在の超ひも理論が、この最終理論をどの程度反映しているのか、また一方では超ひも理論を実験的に検証するにはどうすればよいのかなどが、現在の大きな課題の１つになっています。

「開いた宇宙」と「閉じた宇宙」

インフレーションが本当に起きたとすると、私たちの宇宙ばかりではなくてほかの粒が膨張していった宇宙だってたくさんあるはずです。私たちの見聞きしている宇宙は、実は私たちの観測に絶対かからないような数限りない宇宙の中の１つだということになりそうです。

また、いままで議論してきたのは宇宙のごく始まりのところ、つまり大爆発の近くのところですが、これからまた長い時間がたった未来はどうなるのだろうか、ということがあります。物理学が自然現象の究極的理解というものを目指すものである以上、宇宙の行く末ということも理解したいところです。

宇宙の全質量があまり大きくなければ、大爆発で膨張し始めた宇宙というのは、時間がたつにつれて、だんだんと膨張の速度は減っていくかもしれませんが、物質の量がそんなに大きくないと、それが及ぼす重力は、究極的に飛んでいく遠い星雲をいつか止めてしまって、さらには手前に引き戻すということはできません。こういう宇宙を「開いた宇宙」という言葉で呼ぶことがあります。

その反対に、もし宇宙の全質量が十分に大きかったとします。そうすると、飛び散っていった星雲も最後には、その重力で飛び離れる速度がだんだん遅くなり、ついには止まって、そのあとではまた元へ飛び返ってくるということが起きるでしょう。そうすると宇宙は、ある時点から膨張から収縮への転換をする。こういった宇宙のことを「閉じた宇宙」といいます。

その2つの場合のちょうど境目になる宇宙の質量は特別な意味があって、実はインフレーション宇宙で予測されるのは、まさにこの特別な質量を宇宙が持っていることを要求するわけです。一体、宇宙が膨張から収縮の状態に入ったというときに、もし人類の子孫が生きていたとしたらどういう物理学をつくるだろうかというのは、想像するとなかなかおもしろい問題です。こういうことに関して最近、天文学というより宇宙論のほうで非常に大きな進歩が得られつつあります。それはイギリスのホーキングの宇宙論ですが、これはあまり立ち入りすぎることになりそうだから、この辺でこの章は終わりにしておきます。

第5章　ニュートリノ天体物理学の誕生

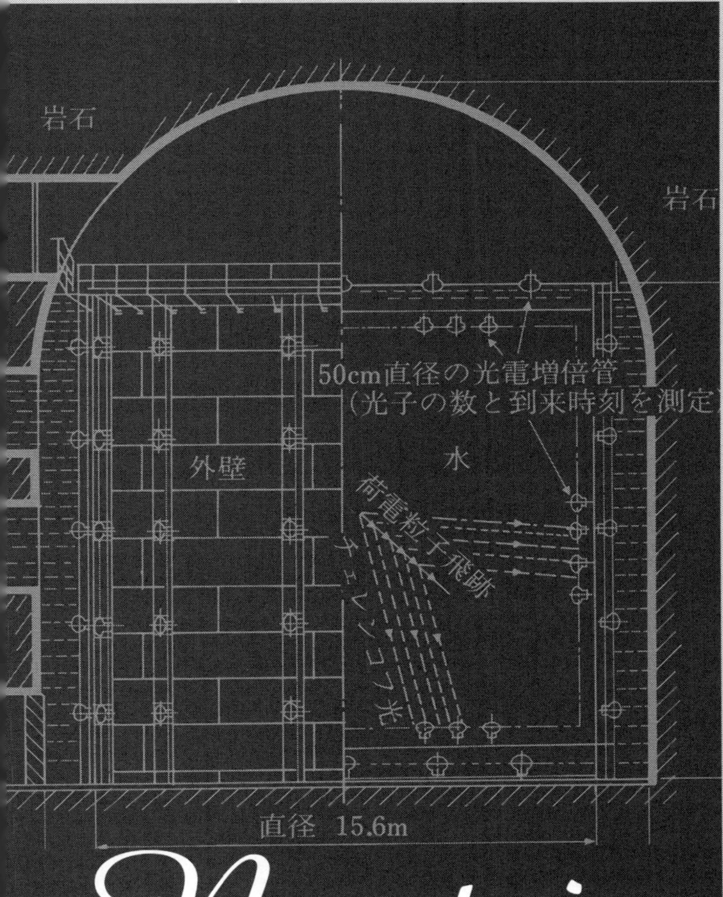

Neutrino

カミオカンデ

カミオカンデ（KamiokaNDE）というのは神岡 NDE のことで、NDE は本来、核子崩壊実験（Nucleon Decay Experiment）を意味したのですが、その後ニュートリノ検出実験（Neutrino Detection Experiment）と解釈する人も増えています。

カミオカンデを思いついたのは1979年の末ですが、それを思いついた背景について少し述べておきましょう。

理論屋さんというのは、よい理論屋さんほど先を読んでいきます。

電磁気的な力と、それから原子核のベータ崩壊を起こさせる弱い力、その２つの違った力を１つに統一する理論がうまくいって、いわゆる「標準理論」というのが確立されると、残っている自然界の力のうち、原子核を１つに結びつけている強い力も、一緒にまとめられないかという具合に考えは進みます。

それを可能にする、いくつかの理論が提案されましたが、そのうち一番みんなに影響を与えたのは、標準理論でノーベル賞をもらったグラショウの理論です。それによると陽子の崩壊寿命は、何とか実験にかかりそうなところにあるらしいという。

そこで、当時、筑波の高エネルギー研の理論主任をしていた菅原寛孝教授が、陽子の崩壊寿命を研究するワークショップをやろうと提案しました。ところが、理論屋ばかりでそういうことを議論してもしようがないと菅原君は考えたようです。彼は私に陽子崩壊の実験の可能性を検討して、もしこうやればいけそうだという案があったら提案してくれないか、という電話をかけてきました。それが1979年の12月の初めごろだったと思います。

私がすぐ思いついたのは、以前、シカゴにいたころ、よく私の家に来て、飲みながらいろいろな話をしていたオッキャリーニという大先生と話したことでした。

前のシャイン先生が、１つの大きな原子核乾板のブロックを未露出のまま残してありました。予算を改めて政府から取ってくるまで、その乾板をどのように保存しておこうかということが問題になりました。原子核乾板というのは、宇宙線がどんどん飛び込んで黒くなりますから、それをどこか宇宙線のあまりこないところにしまわなければなりません。

そこでクリーブランドの郊外に、岩塩を掘っている穴があるというので、そこへその原子核乾板をしまうことにしました。念のためにガイガー計数管を持って地下の場所を調べに行ったら、小さなガイガー計数管の装置では検出できないくらい、放射能も宇宙線も弱かったのです。

そのとき、オッキャリーニと話し合ったのは、あの岩塩坑は真っ暗だし、あそこに水を注げば飽和食塩水の池ができるだろう。飽和食塩水だったら藻とか菌とか、そんなものも発生しないから、きれいなままにしておける、その真っ暗なところへ光電増倍管を下のほうだけ向けて、下からくる光だけ見続けていたら一体どんなことが見えるだろうか、そんな話をしたわけです。

私は、そういう夢物語みたいなのをするのが好きで、いろいろな人と突拍子もないことを議論しますが、その時点ではいくら検討しても、光電増倍管自身が小さな光電面しかないし、１本が高いから、それを何万本も使うということはとうていできない相談でした。そのときは、この計画を、私がよくいう研究テーマの「卵」のうちの１つとして抱えることにしました。

菅原君から話があったときにピンときて、この計画を思い出しました。必要な陽子の数はこのくらい用意しなければならないから、一番安い水を使って、大体、ネット1000トンくらいは必要で、1000トンの物質のどこで陽子崩壊が起きてもちゃんとつかまえるには、きれいな水が一番よい。それでは、水の中で起きた反応をどうやって検出して、それを確認するか。チェレンコフ光というのは方向性を持っているから、ある１点から２個の粒子が逆方向に走って、それぞれがチェレンコフ光を出せば、これは陽子崩壊にまちがいないだろう。エネルギーもきちんと測れるようにしておけばよい、と考えました。

その研究会と同じころ、アメリカでも同じテーマで研究会をしていました。アメリカでも、やはり水を使ってチェレンコフ光をつかまえるという提案がされたというニュースが、1980年の１月に入ってから伝わってきました。

同じような性能のものを日本でつくってもしようがない。やる以上は向こうよりもずっといいデータを出せるようなものでなければ意味がない。それにはどうすればよいか。どうせ研究費は、アメリカの研究費よりも多いはずはないから、10分の１とはいわないけれども、大分日本のほうが少ないだろう。そういう条件のもとで相手を追い越すにはどうすればいいかというので考えたのが、大きな光電増倍管を開発して、安くしかも精度を上げるということだったのです。

つまり、陽子が陽電子と中性パイ中間子に壊れる崩壊モードだけ考えるなら、数倍大きいアメリカ実験に先を越されるのは仕方がない。しかし、その後他の崩壊モードも観測できて、崩壊の分岐比まで測定できたらどんな大統一理論に進むべきかの指針が得られるだろう。

陽電子と中性パイ中間子に壊れる崩壊モード以外は格段に検出同定が難しく、検出器の感度を上げるだけでなく宇宙線ニュートリノ事象との見分けがきちんとできなくてはなりません。このため新しく開発した直径50センチメート

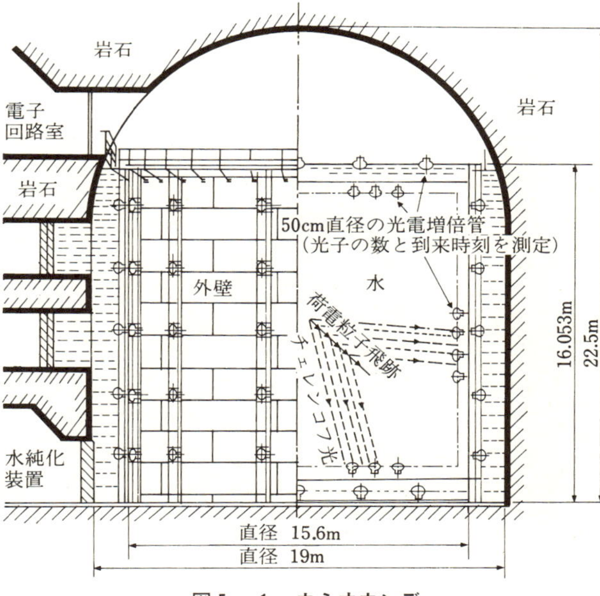

図5—1　カミオカンデ

ルの光電増倍管の威力と後に述べる水の純化によって、太陽ニュートリノ観測の可能性が生まれたわけです。また、超新星ニュートリノの検出も可能になったのです（図５―１にカミオカンデの断面図を示します）。

図５―２に50センチメートル径光電増倍管をお見せしましょう。

この大きいガラスの球を、高さ16メートル余りの垂直な円筒の壁に取り付けて、高圧ケーブルや信号ケーブルを配線するのは、高い場所専門の鳶職の人たちでさえできません。またできたとしても、その人たちを雇う費用はありません。そこでこの仕事を全部大学院の学生たちにやらせたのですが、もしこの学生たちに事故があったら一大事です。そこでいろいろ考えた末、水を下から少しずつ増やし

図５―２　浜松ホトニクスによって開発された直径50センチメートルの世界最大の光電増倍管（写真中央）。

図5－3　スーパーカミオカンデの光電増倍管取り付け作業　カミオカンデには1000本の、スーパーカミオカンデには1万1200本の光電増倍管を使用。

ていって、ゴムボートを使って下から順に球を取り付けていったのです（図5－3）。このやり方で、無事に全部の球を取り付けることができました。

太陽からのニュートリノ

太陽ニュートリノがこの装置で観測にかかりそうだということは、データを取り始めてから3ヵ月くらいしてようやく気がついたわけです。これは私にとって大きな救いでした。というのは、前にも書いたように、私は自分の夢を追うために、陽子崩壊の探索という、いわば宝くじを買うような実験に国民の税金を使っていいのだろうかと感じていたので、もし太陽ニュートリノを本当に観測できれば税金を使うことを正当化《ジャスティファイ》できると思ったからです。

世界最大の50センチ径の光電増倍管の開発に成功したので、ミュー粒子からの崩壊電子も 12MeV まで見えており、それ以下のエネルギーの事象を被い隠している周囲からのバックグラウンドを何とかして1000分の1くらいに抑えることができれば、太陽からのニュートリノの一部は15MeV までのエネルギースペクトルを持っていることが期待されているので、これらニュートリノが水の中の電子と衝突したときの反跳電子を観測することによって、ニュートリノの到達時刻、到来方向、およびエネルギースペクトルのすべてを測定することができるわけです。これは正にニュートリノ天体物理学の創始に他なりません。

ところがニュートリノと電子の衝突は極めて起こりにくい現象なので、1000トンの水を使っても1週間に1つか2つ起こるくらいの頻度です。こんな稀《まれ》な現象を確実にとらえるためには、バックグラウンドを極度に抑えて、きれいな検出器にするための大改造が必要です。

ところが、日本の研究費というのは（他の国でもそうですが）、一度こういうことをやりますといって備品などの研究費が出ると、その後で、こんなおもしろいこともできるからといって追加の予算を希望しても、なかなか通りません。

しかたがなくて、私は1984年１月のアメリカでの国際学会に出かけて、こんな魅力のある可能性を誰かアメリカで一緒にやるヤツはいないかと誘ったところ、ペンシルヴァニア大学の連中が、必要な装置とある程度の研究費を持って参加してきたわけです。この時、さらに現在の装置では改造しても太陽ニュートリノの天体物理学的観測の可能なことを示し得るだけだろうから、本格的な太陽ニュートリノ観測施設として５万トン（有効質量３万5000トン）の水を用いたスーパーカミオカンデを国際協力でつくらないかという提案をしたのですが、これには誰も飛びついてきませんでした。

幸いスーパーカミオカンデは、私の定年後の後継者たちの努力でそれから10年後に日本独力で設置することができ、現在も活躍しています。

太陽ニュートリノの観測でやはり一番望ましいのは、太陽の方向から来ていることを確かめた上で、いま信号が着いたという時間もわかり、できることならば、どんなエネルギー分布をしていたかがわかるということです。

まず周囲からの放射線の影響を減らすために四周を約２メートル厚の水のアンタイカウンターで囲むように改造し

ました。太陽ニュートリノが叩き出した低エネルギーの電子を精度よく観測するために各光電管にペンシルヴァニア大学の寄与で時間測定回路を新たに設置しました。これは当初予算が苦しかったので各光電管には受信光子数測定回路しか設置してなかったのです。

一番苦労したのは水の浄化でした。神岡鉱山は昔、鉛を産出していた所なので鉱山内の空気にはラドンが通常の場所より１桁以上多く含まれています。ラドンはその崩壊系列の中で電子を放出しますが、それが前に述べた 12MeV 以下のバックグラウンドの主要な原因と考えられたのです。困ったことにラドンは水によく溶け込んでしまうのです。その他に、水の中にはウランやトリウムなどの放射性元素も含まれています。これらの元素を取り除いて綺麗な水にすることは大変な仕事ですが、今は亡き須田英博氏（元神戸大学教授）と鈴木厚人氏（現東北大学教授）を中心としたグループの努力で達成することができました。

結局、バックグラウンドを減らすためにいろいろな手を尽くして、1987年の正月には相当きれいに太陽ニュートリノの信号をつかまえられるようになっていたわけです。その２ヵ月後に起きたのが大マゼラン星雲での超新星爆発です。図５―４（口絵１）にその様子を示します。また、図５―５にそのころのカミオカンデの運転状況を示します。

1986年にはまだ、蒸発した水をバッファータンクから補充するたびに、半減期３日のラドンによるバックグラウンドが急激に増えているのが見えます。これを抑えたら検出器が静かになったので、1987年１月から太陽ニュートリノの本格的観測を始めました。超新星爆発はこの２ヵ月後に

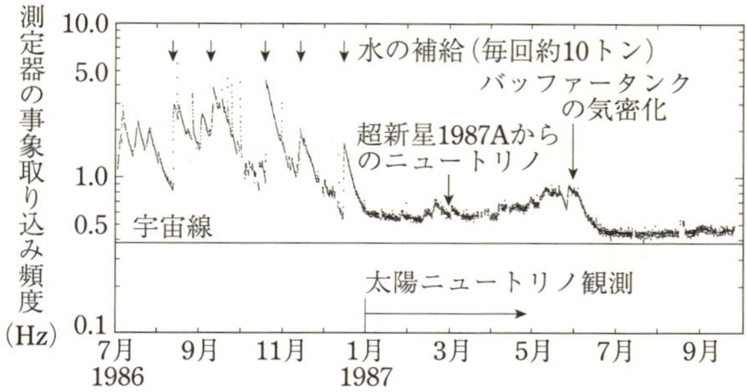

図5—5　カミオカンデの運転状況

起こったわけです。

図5—6はカミオカンデがとらえた超新星ニュートリノの信号です。図からわかるようにバックグラウンドは 7.5 MeV 以下（全光子数で20以下）に抑えられているので、

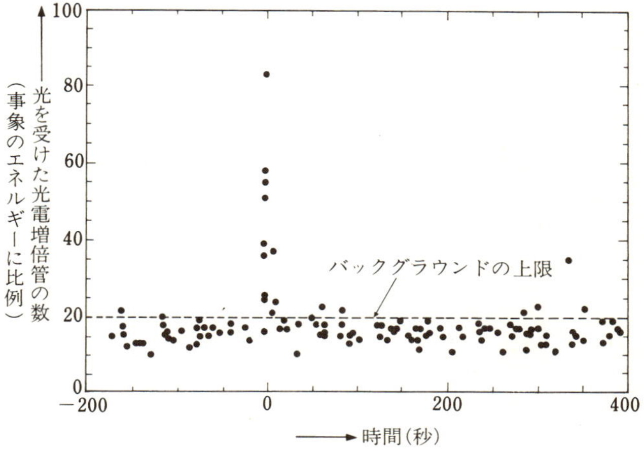

図5—6　超新星爆発のニュートリノ信号（1987年2月23日）

それよりエネルギーの大きい超新星ニュートリノの事象がくっきりと見えます。

超新星からのニュートリノ

皆さんはあまりご存じないかもしれませんが、神岡でこういう実験装置をつくりたいから、これだけのお金を出してくださいと、文部省（当時）の特別推進課題に提案したときに、陽子崩壊がこれだけの精度で、このくらいの寿命まではきちんと調べられるということのほかに、もし超新星が私たちの銀河系内で起これば、そのとき放出されるニュートリノを十分に観測することができると、ちゃんとうたってあります。

なぜ銀河系内なら大丈夫かというと、大体これらのニュートリノが水の中で弾き出す電子を 20MeV 以上ではきれいに観測できるはずだと、シミュレーションでわかっていたからです（1MeV は100万電子ボルトのことです。eV＝電子ボルトはエネルギーの単位で、１ボルトの電位差で荷電粒子を加速したときの運動エネルギーの増加が１電子ボルトです。電子の静止質量は約50万電子ボルトです）。

しかし、バックグラウンドがどのくらいのエネルギーで、どのくらいあるかというのは、やってみなければ見当がつきません。

しかし、想定しうるバックグラウンドから考えても、非常に短い時間の間に200～300個の事象が集中的に起きれば、間違いなく信号のはずです。銀河系内で超新星が起これば、200～300個は必ずくるはずです。実際に起こったのは隣の星雲（大マゼラン星雲）の中だったので、観測された事象数は11個でした。

ニュートリノの放出温度が約 4.5MeV で、全放出エネルギーが約 3×10^{53} エルグであったことなど、数は少なくてもこのデータによって第II種超新星爆発の理論が基本的に正しいことがわかりました。さらに、信号の持続時間がミリ秒ではなく10秒ほどだったことは、ニュートリノが極めて密度の大きい所を拡散しながら放出されたことを示しており、中性子星の生成とよく一致します。

また光による超新星爆発の視認が私たちのニュートリノ検出の約2時間後だったことも、爆発前の親が赤色超巨星ではなく青色巨星だった事実とよく合います。もっとも、親が赤色超巨星ではなかったことは、多くの天文学者にとって大きな驚きだったようですが。

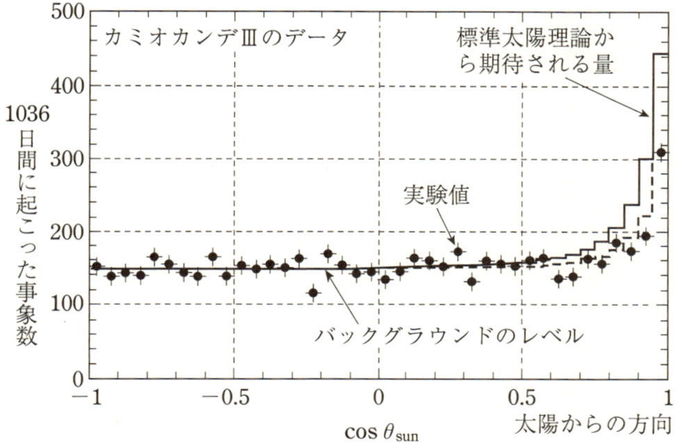

図5—7　太陽ニュートリノの方向性

太陽ニュートリノの観測

図5—7はカミオカンデによって観測された太陽ニュートリノの方向性を示しています。横軸の θ_{sun} は、ニュートリノによって叩き出された電子の進行方向と太陽—地球軸との角度で、横軸変数としてこれのコサイン（cos）を取っています。そうすると、等方的なバックグラウンドが平らに分布するため取り除きやすいからです。

平らなバックグラウンドの上に太陽から地球への方角（図右端）だけ信号が増えているのが見て取れると思います。この信号の角度の広がりは、ニュートリノ・電子衝突

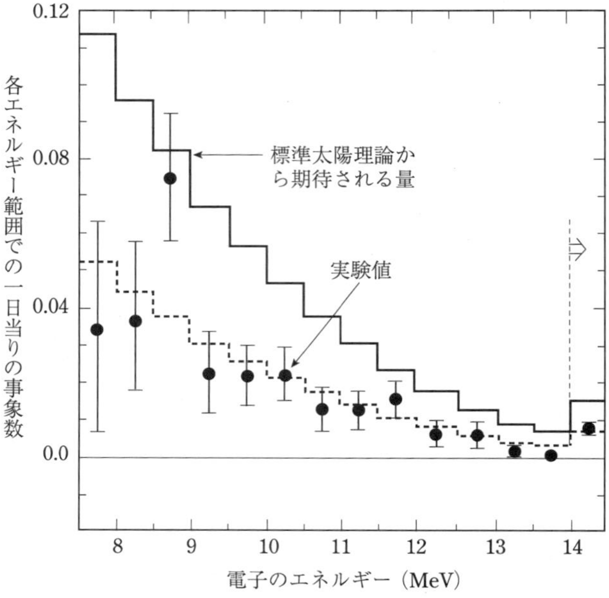

図5—8　電子のエネルギースペクトル

の際の電子の放出角分布と、その後の電子の散乱から計算したもの（折れ線で示された理論予測値の広がり）とよく合っています。ただ強度が半分くらいしかありませんが。

図５―８はニュートリノによって叩き出された電子のエネルギースペクトルの観測結果を示しています。この図から、入って来たニュートリノのエネルギースペクトルは一義的に定まります。折れ線で示した理論予測と形がよく似ています。ただ、強度は半分くらいになっているのが見て取れます。

母なる太陽

私たちの一番身近な恒星で、しかも私たちのエネルギーの源泉でもある太陽についての研究は数多くあります。

たとえば太陽光のスペクトル分析をして、表面温度の他、太陽の表面の元素がそれぞれどんな割合で存在しているか測定されています。その結果、水素やヘリウム以外にもっと重い元素の存在がわかっています。ですから私たちの太陽は、宇宙が爆発したごく初期の物質が集まってできた星ではなく、いくつかの星が超新星爆発を起こし、そのときにつくられた元素が宇宙にばら蒔《ま》かれ、それらの宇宙物質が寄り集まってできた星、つまり第２世代以降の星であることがわかります。

そこで、太陽の光度（単位時間当たり放出している全エネルギー）と表面温度から判断して、太陽は星の分類でいえば主系列というのに属していますから、前に述べたように、その内部で４個の陽子をくっつけて、１個のヘリウム原子核に核融合して、そのときに得られる結合エネルギーが太陽を長く光り続けさせているエネルギー源になっているわけです。

このとき、４個の陽子のうち２つの陽子は、弱い力によって中性子２個に変わらなくてはなりませんが、最終的にヘリウム４の原子核になるまでに、途中いくつかの違った経路を通ることが可能です。どの経路をとるかによって、どの段階で弱い力が働くかが異なり、その結果、太陽から出てくるニュートリノは、それぞれ違ったエネルギー分布を持ったものの重ね合わせという格好になっています。

図３—１に、理論から期待されるニュートリノのエネルギースペクトルが示されていました。これらの反応は、太陽の中心近くの奥深いところで起こっていますが、ニュートリノは弱い力しか持たないので、自由に太陽の外へ飛び出していくことができるはずです。ただし、この点については後でちょっと述べることがあります。

デイビスの測定と太陽ニュートリノのパズル

いろいろなエネルギー分布を持ったニュートリノのうちで、エネルギーの違いによって観測しやすいものと、しにくいものが当然あります。もしできることならば、うんと低いエネルギーから一番高いエネルギーまで、全部きちんとエネルギー分布が測定できたとすれば、太陽の内部で核融合反応のどのチャンネルが、どのくらいの割合で起きているか、全部測定できるはずです。そうなると、太陽の中での温度や密度、元素の分布に関して、非常に詳しい情報が得られるはずです。しかし残念ながら私たちの測定は、そこからはまだ、非常に遠い段階にあります。

一般に、検出しやすいニュートリノというのは、エネルギーの高いニュートリノです。太陽ニュートリノの中で、ホウ素８を経由してできる電子ニュートリノが一番エネルギーの高いグループをつくっています。そのニュートリノを主として狙う目的で、アメリカのデイビスという学者が20年近く前から地下深いところに塩素をたくさん（数百トン）含んだ液体を入れて、実験しています。その塩素の中には同位元素の１つである塩素37が、ある割合で含まれています。塩素37の原子核は電子ニュートリノを吸収して電子を放出し、自分はアルゴン37という原子核になります。

太陽の光度から、またいろいろな原子核反応のデータから、ホウ素８を経由するニュートリノがどれくらいになるか、いろいろな計算が太陽に関してあります。それから推定してみても、たかだか数百トンの液体の中では、アルゴン37の原子が１日に１個できるかどうかというような割合です。したがって大変難しい実験です。

しかも、このような実験では、いつアルゴン原子がつくられたのかということはわかりません。また、測定するのはアルゴン37の数だけですから、反応を起こしたニュートリノがどの方向から、どれくらいのエネルギーで来たのかはわかりません。

そういうわけで、あまり理想的な太陽ニュートリノの測定とはいいにくいのですが、それでもデイビスは苦労しながら、アルゴン37の原子がつくられている割合を実験データとして出しています。その結果、どうも太陽の理論から予測されるものの３分の１くらいのニュートリノしか来ていないという結果を出しています。

この実験値と期待値が大きく違っていることが太陽ニュートリノのパズルといわれている問題ですが、あるいは、何かデイビスが勘定に取り込みきれなかったほかの原因によるバックグラウンドというのがまだあるのかもしれない、という疑いをぬぐいさることはできません。

なぜニュートリノは期待より少ないのか――説1

これは実は大変な問題になっていて、当然考えられることは、太陽のモデル自体が少しおかしいのではないかというものです。特にプリンストンのバーコールという理論屋さんが、一生懸命に磨き上げて「太陽の標準モデル」と称するものまでつくっていますが、1つには、ニュートリノの数は、いろいろな組み合わせで起こる原子核反応から計算されるわけですが、その反応率のどれかが違っているのではないかということです。

そのチェックがいまでもいろいろなところで行われています。

あるいは、私たちが現在標準モデルで予想しているよりも、核融合反応が起こっている場所の温度は、ほんの少し低いのではないかという可能性です。どの核反応もプラスに電気を持った粒子とプラスに電気を持った粒子が、お互いにくっつかなければ進みません。しかし、同じ符号の電気は反発します。それを乗り越えるのは温度による運動エネルギーです。ホウ素8はベリリウム7（電気量4）に陽子（電気量1）がくっついてできるわけですが、この場合は、クーロンの反発力も特に強くきくわけです。そうすると、温度がちょっと下がって、つまり粒子の平均運動エネルギーがほんの少し下がっても、くっつく確率は大きく下がってしまいます。だから、温度をちょっと下げるというのは、ホウ素8のニュートリノを特に狙い打ちにして数を少なくすることになるのです。

これも実は、表面からずーっと詰めていった芯の温度と比べて、なぜさらに温度が低くなり得るのかという問題を説明しなければなりません。その1つの説明として、例えば、「何か弱い相互作用だけの粒子が太陽の芯に近いところに相当数たまっていたとすれば、そしてそういう粒子が相互作用をして、その結果中心部のエネルギーを外へ持って出てしまう。そうすると、中心部の温度が少し下がる」。そういう提案もされています。

一方、太陽の物理もずいぶん観測が進んで、いま陽震という現象が非常に詳しく調べられています。地球の地震を詳しく測定することによって、地球の内部にどういう層があって、その密度はどのくらいだとか、いろいろなことが地球の内部に関してわかります。太陽の振動を調べることによっても、太陽の中の様子がだんだんと正確にわかってきます。これを調べるのは、またドップラー効果というのを使います。太陽の表面を細かく分けて、そのおのおののところでスペクトル線がどの方向にどのくらいずれるか、長期的に観測を続けます。それから得られたデータの解析は、標準太陽モデルが大体正しいことを示しています。

なぜニュートリノは期待より少ないのか——説2

もう1つ違った形の説明を与えた人がいます。イタリアからソ連（当時）へ亡命したポンテコルヴォという学者がいい出したことですが、たとえば、ニュートリノというのは静止質量が数学的ゼロではなくて、ほんの少しでもいいから静止質量があったと考えてみましょう。

そうすると、太陽の芯でつくられたときには、電子ニュートリノだったのが、地球に届くまでに量子力学的な振動を起こして、ミュー・ニュートリノに変わったり、タウ・ニュートリノに変わったりする可能性が出てきます。

もし振動する周期が、ニュートリノが太陽から地球に届く時間よりもずっと短ければ、その移り変わりの振動はたくさん起きて、その結果地球に届いたときには、最初、全部電子ニュートリノだったのが、3分の1はタウ・ニュートリノに、3分の1はミュー・ニュートリノに、そして残りの3分の1が電子ニュートリノになっているという説明が可能になります。実は、移り変わる振動の周期は、それぞれのニュートリノの静止質量が互いにどのくらい違っているかということに関係します。

そういうモデルで考えますと、ニュートリノの静止質量の差はそれぞれ非常に小さい差であっても可能ですが、それより魅力のある説明が十数年前にロシアの若い理論屋さんによって提出されました。

それはどういうことかというと、太陽の中心付近は物質密度が非常に高く、当然、電子の密度も高い。電子ニュートリノは、物質の中でミュー・ニュートリノやタウ・ニュートリノとは少し違ったふるまいをします。それはなぜかというと、電子ニュートリノは電子とぶつかって散乱する確率が、ミュー・ニュートリノやタウ・ニュートリノよりも少し大きいからです。

そのことを積極的に使うと、芯の近くで電子ニュートリノとしてつくられたニュートリノが、その電子密度の高い中心付近から電子密度の低い太陽表面に出てくるまでのあいだに、これも量子力学的な移り変わりですが、非常に効率よくミュー・ニュートリノに変われる、そういう理論を出しました。それが非常にもてはやされて、先ほど述べたアメリカのデイビスの結果を説明するために、質量の違いはこのくらいでなければいけないという制限をつけたわけです。

図5—9にこのモデルによる解析結果を示します。

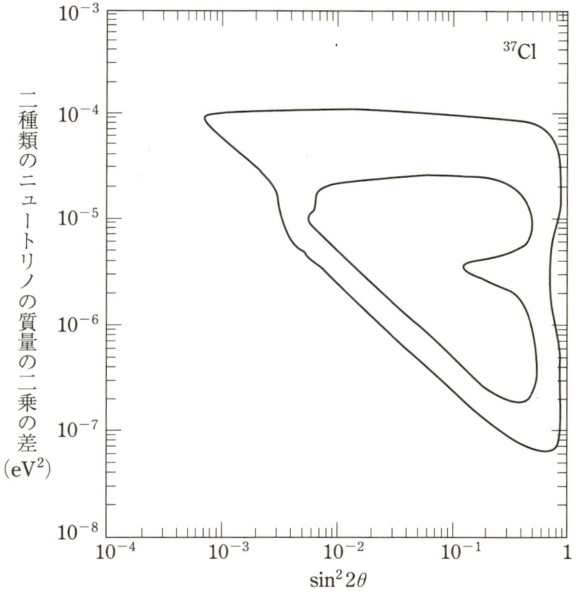

図5—9　モデル解析

一般に、こういうモデルのことを「ニュートリノ振動モデル」といいますが、実はニュートリノの質量が本当にゼロなのか、あるいは小さくても有限なのかというのは非常に重要な問題です。実は、大統一理論のあるタイプのものでは、ニュートリノの質量はゼロであっては困ることになっています。

このニュートリノの静止質量の問題は、三重水素のベータ崩壊のとき出てくる電子のエネルギー分布をうんと精度よく測ることでも追究されています。また、私たちが観測した大マゼラン星雲の超新星からのニュートリノのデータも使って、ニュートリノの静止質量の上限も出したりしていますが、ニュートリノ振動のほうで、この辺だろうといわれている質量は、それより桁違いに小さい質量差の領域の話です。

認知された「ニュートリノ天体物理学」

神岡実験は、よりきれいな太陽ニュートリノの信号をきちんとつかまえようということを続けていて、その後発表した論文に載せてある太陽ニュートリノの観測結果は、ちゃんと太陽の方向から来ている、それからエネルギー分布はこういう格好をしている、というのも見て取れるような結果が出ました。

その結果からいえることは、やはり太陽から来ているホウ素8のニュートリノは標準モデルがいっているのよりも大分少ない。しかし、デイビスが前にいっていたほど少なくはなくて、半分よりもちょっと少ないかなというくらいでした。

エネルギー分布を見てみると、まだ数がそんなにたまっていないから精度がいいとはいえませんが、大体において期待されるホウ素8のニュートリノのエネルギー分布に似ています。ただ、その量だけが半分よりちょっと下ということになっています。

それでは、デイビスのいままでいっていた3分の1以下という結果とこれは矛盾するのかというと、必ずしもそうではなくて（彼の実験はもっと小さいエネルギーのニュートリノもつかまえているので）、大体同じ時期のデイビスのデータと比べると、統計的精度の中で矛盾はしていません。

その後、スーパーカミオカンデも働き始め、ずっと質のいい測定によって太陽ニュートリノ・パズルは依然として存在するぞということがはっきりしました。今度は、一体そのパズルはどういうことによって起きたのかという追究が、いままさに新たな段階に入ったわけです。

前にも述べたように、超新星爆発のときのニュートリノの観測に際しては、そのニュートリノの到来方向はわからなかったのですが、到来時刻とそのエネルギー分布がきちんと測定されました。いまお話した太陽ニュートリノの観測のときには、3つともきちんと満たすことができました。

それでは、天文学というのはどういう条件が満たされて成り立つものか、というのをとことんまで掘り下げて考えると、天体からのある種の信号がどの方向からいつ届いたかということを知れば、天文学は始められるわけです。それから、さらにエネルギー分布がきちんと測れれば、太陽の表面からの光をプリズムで調べるスペクトル分布から元素組成がわかったように、この信号による天体物理学も可能です。

そういった意味で超新星ニュートリノと太陽ニュートリノの観測によって、ニュートリノ天体物理学は日本で誕生したんだといっても差しつかえないし、また世界の多くの人がそのように認めています。

私の定年（1987年3月末）の後を引き継いだ神岡実験の若い人たちがよくがんばって、太陽からのニュートリノを、時間、方向、エネルギー分布のすべてにわたって測定し、観測した結果が次々と発表されました。とてもうれしいことです。

大気ニュートリノの異常

さてカミオカンデの第3番目の成果について述べましょう。それは大気ニュートリノの異常の発見です。

宇宙線が大気中の原子核と衝突してパイ中間子やK中間子をつくり、それらが崩壊してミュー粒子をつくる様子を図5―10に示します。

パイやKが崩壊した時にミュー・プラス（マイナス）と共にミュー・ニュー（反ミュー・ニュー）ができて、ミュー・ニューか反ミュー・ニューのどちらかが1個できます。さらにできたミュー・プラス（ミュー・マイナス）が崩壊すれば、陽電子の他に反ミュー・ニュー（ミュー・ニュー）と電子ニュー（反電子ニュー）がつくられます。粒子と反粒子を区別しないで数えると（カミオカンデの測定はまさにこの方式ですが）、ミュー・ニューと電子ニュー

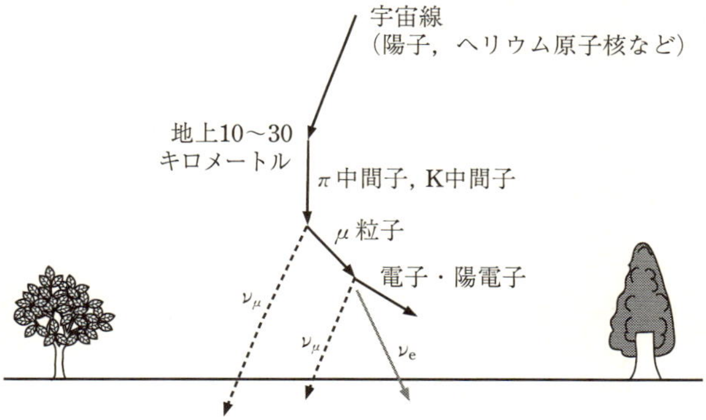

図５—10　宇宙線がニュートリノをつくるまで

との数の比はミュー粒子が崩壊してしまうような低エネルギーでは２になり、ミューが崩壊しにくい高エネルギーでは２より大きくなることがわかります。

カミオカンデの陽子崩壊探索は見つけやすい（$e^+ + \pi^0$）モードだけでなく、より検出同定の困難な他の崩壊モードもつかまえて分岐比を知ることだったので、宇宙線によるこれらニュートリノのつくるバックグラウンド事象の正確な理解は極めて重要な課題でしたから、全力をあげて取り組みました。

その結果わかったことは、検出器内でミュー粒子をつくったミュー・ニューの数と、電子（陽電子）をつくった電子ニューの数の比は２ではなくて１だったことです。この結論は0.3パーセント以下（３σ以上）の誤認確率で結論できました。

カミオカンデの結果から、ニュートリノはゼロでない静止質量を持ち、それゆえおそらくミュー・ニューがニュートリノ振動でタウ・ニューに変わってしまったのであろうと結論しました。この誤認確率では素粒子物理学者の大勢を心服させるわけにはいきませんが、世界の大加速器(CERN および FNAL：フェルミ国立加速器研究所）では加速器ニュートリノによるミュー・ニューからタウ・ニューへの振動実験計画を発足させました。

この結論はその後のスーパーカミオカンデの桁違いに精度のよいデータによって見事に確認されました。うれしいことです。

第6章　更なる発展

Neutrino

スーパーカミオカンデの登場

筆者が1984年の国際学会で、太陽ニュートリノ天文台として提案し何の反響も得られなかったスーパーカミオカンデは、筆者の定年退職後、後継者の戸塚洋二教授らの大変な努力によって実現に至りました。定年後の私には陰の応援しかできませんでした。この章の扉にはスーパーカミオカンデの内部を、図6—1にはその断面図を示しておきます。

スーパーカミオカンデは、高さ41.4メートル、直径39.3メートルの円筒形のタンクからできており、50センチメートル径光電増倍管が1万1200本取り付けられています。

内部の光電増倍管の表面設置密度は1平方メートルにつき2個と、カミオカンデの2倍の感度になっています。その他の仕様はカミオカンデとほぼ同様です。次に結果に移りましょう。

まず、太陽ニュートリノの方向性を示すデータを図6—2に示します。

図5—7に示されたカミオカンデのデータに比べて、圧倒的に精度が良くなっているのが見て取れます。次に、スペクトルのデータをお見せしましょう（図6—3）。

これら太陽ニュートリノの観測に当たってはエネルギーの校正が極めて重要です。特に自分の電子線形加速器を持ち込んで正確なエネルギーの校正に中心的な役割を果たした中畑雅行氏（現東大助教授）の功績を忘れるわけにはいきません。

これらの豊富なデータを使って太陽ニュートリノの季節効果、日夜効果、スペクトル理論からのわずかなずれな

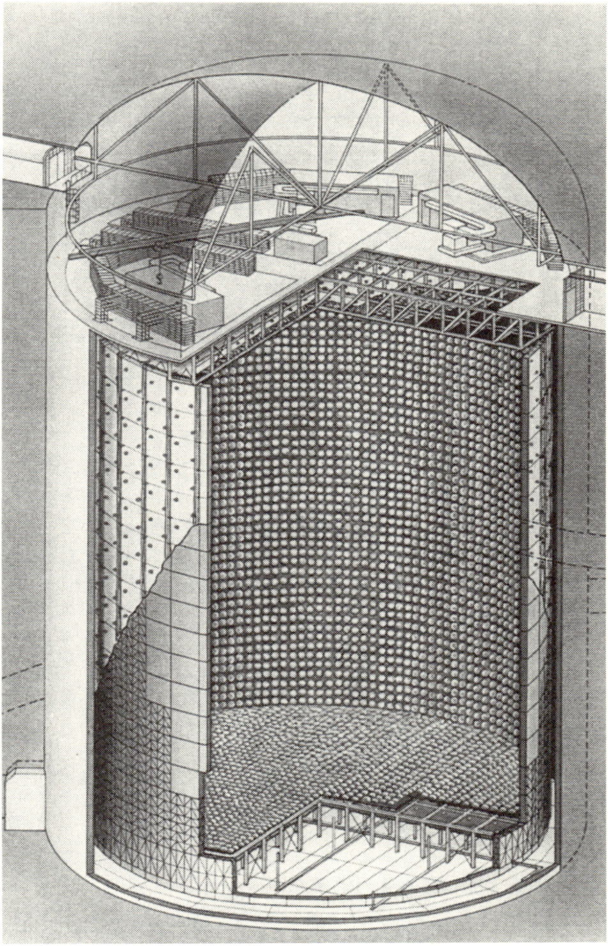

図6—1　スーパーカミオカンデの断面図

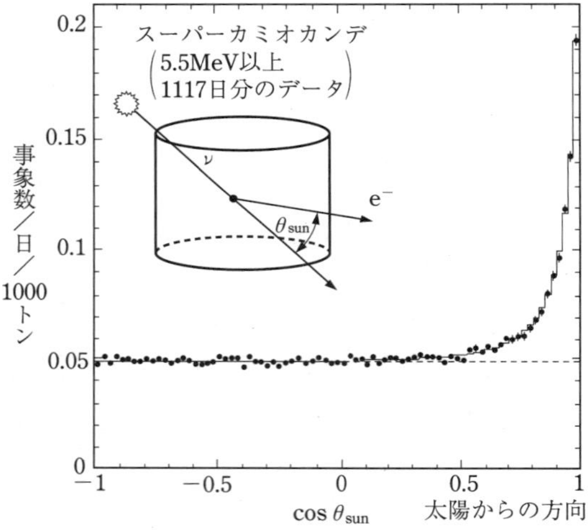

図 6 — 2　太陽ニュートリノの方向性

ど、あらゆる解析が進められましたが、ここでは立ち入らないことにします。

前述のように多量の太陽ニュートリノの事例が集まったので、人類初の太陽のニュートリノ写真（ニュートリノグラフ）をつくりました。それを図 6 — 4 にお見せします。

図は銀河座標での太陽の軌道を示しています。お断りしておかなくてはならないのは、図 6 — 4 に見えている太陽の像は実際の大きさよりずっと大きくなっていることです。これは約25度の哀れな角分解能のせいです。しかし、ニュートリノ天体物理学がまだ生まれたばかりの赤ん坊であることを考えて、お許しいただけると思います。

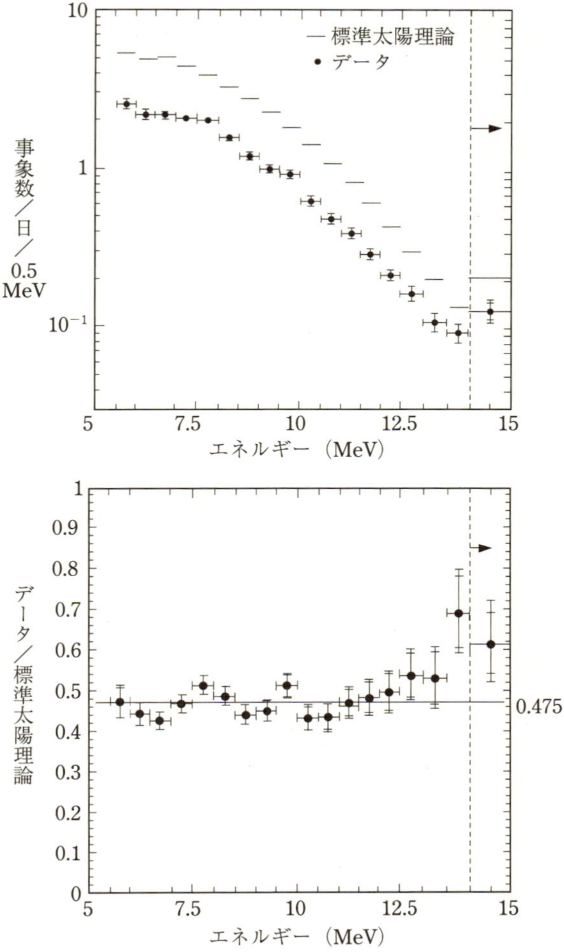

図6—3　太陽ニュートリノのスペクトル

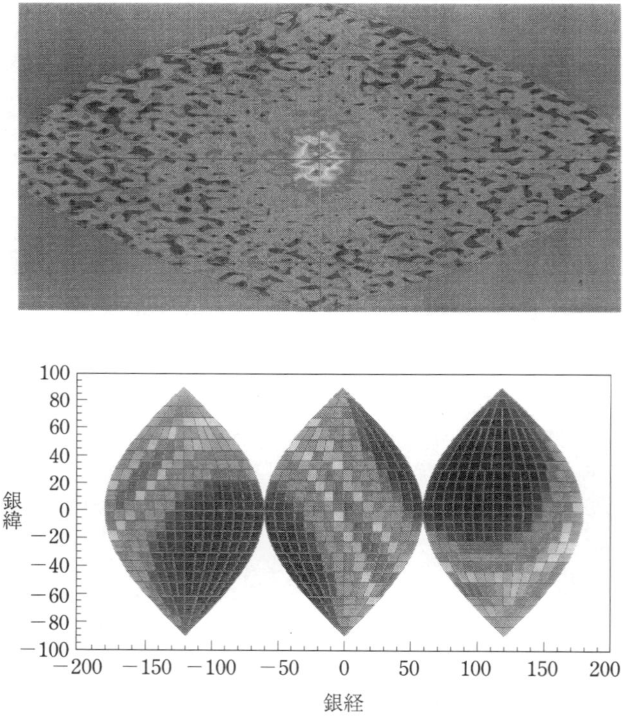

図６—４　ニュートリノグラフ

ニュートリノの異常

さて大気ニュートリノの異常に関する発展に入りましょう。もしカミオカンデで推測したミュー・ニューからタウ・ニューへの振動が本当に起こっているなら、その程度はニュートリノの飛行距離によって変わるはずです。それを示したのが図６—５です。

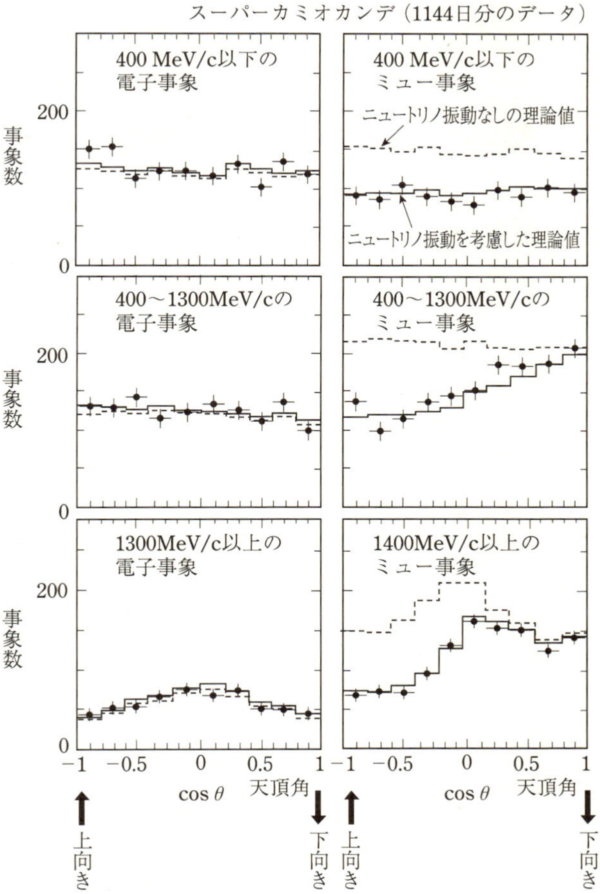
スーパーカミオカンデ（1144日分のデータ）
400 MeV/c以下の
電子事象
400 MeV/c以下の
ミュー事象
ニュートリノ振動なしの理論値
ニュートリノ振動を考慮した理論値
400〜1300MeV/cの
電子事象
400〜1300MeV/cの
ミュー事象
1300MeV/c以上の
電子事象
1400MeV/c以上の
ミュー事象
事象数
200
0
−1
−0.5
0
0.5
1
cos θ
天頂角
上向き
下向き

図6―5　ニュートリノ事象の天頂角分布

真上から来るニュートリノはせいぜい10キロメートル程度、真横から水平に来るのは1000キロメートルくらい、真下から地球を通り抜けて来るのは１万キロメートルくらい走ってきます。そこで到来方向の天頂角分布を見たのがこの図のデータです。

ご覧のように、左側の電子の事象は振動がないとしたときの予測値とよく合っていますが、右側のミューの事象はそれから大きくずれているのがわかります。このデータを解析することによって振動のパラメーターを精度よく決定することができました。

カミオカンデの初めから大気ニュートリノの解析を、中心になって進めてきた梶田隆章氏（現東大教授）の努力は見事に報われたわけです。彼が1998年の高山国際学会で報告したとき、発表が終わると同時に拍手が鳴り止まず、また翌日にはアメリカの MIT の卒業式でクリントン大統領（当時）が言及したほどでした。

こうした解析が可能になったのは、神岡の水 - チェレンコフ検出器が電子事象とミュー事象を明確に判別できたからです。図６―６にスーパーカミオカンデで観測された電子事象（上）とミュー事象（下）を示しておきます。

上の電子がつくったチェレンコフ光の分布はリングがぼやけているのに、下のミュー粒子ではくっきりした輪郭を示しているのが見てとれるでしょう。これはミュー粒子の静止質量がずっと大きいので原子核による散乱がぐっと少ないことと、電子の場合は散乱以外にガンマー線の放出、そのガンマー線の電子・陽電子対生成によって低エネルギーの電子や陽電子がいろいろな方向につくられたことによ

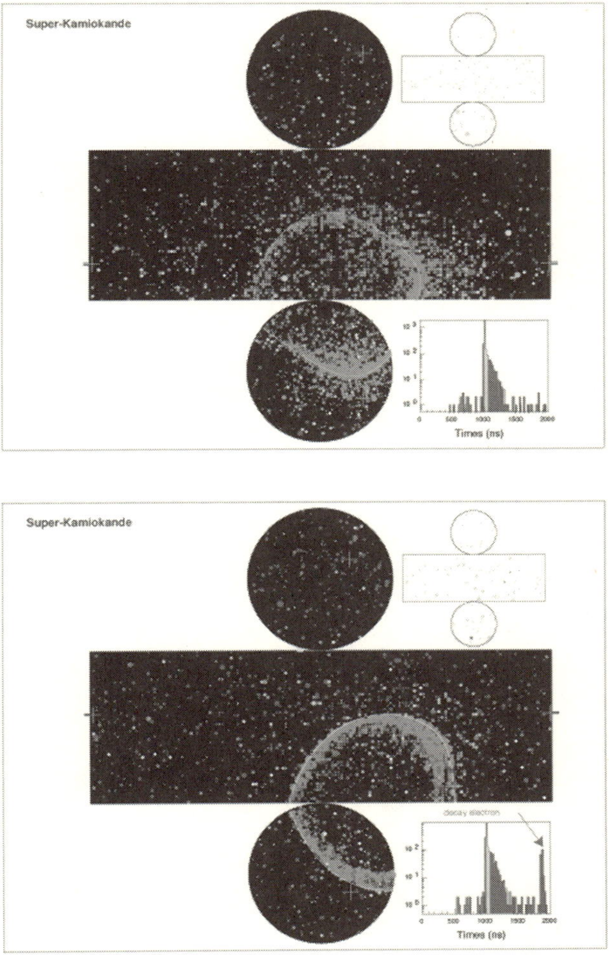

図6―6　電子(上)とミュー粒子(下)によるチェレンコフ光分布

ります。このチェレンコフ光の動径方向の分布の違いを定量的に調べることによって、電子とミューは1パーセント以下の誤差率で判別することができます。

量子力学的転換

ところで質量がゼロでないとき、どうしてこのような量子力学的転換が起こるのかをここで説明するのは難しいことなのですが、やってみましょう。簡単のため、自然界にはミュー・ニュートリノとタウ・ニュートリノだけ存在するとしましょう。

一般に、ある粒子の状態を示す波動関数はいくつかの基底状態の波動関数の決まった重ね合わせとして表現できます。２次元平面でのある点の位置が、座標系を決めればそのX、Y座標の値によって表現できるのと同様です。座標となる基底状態としては、弱い相互作用の基底状態であるミュー・ニュートリノ状態とタウ・ニュートリノ状態をとることもできますが、質量の基底状態である m_1 の状態と m_2 の状態をとることもできます。この２つの表現は同格で、一方の表現から他方の表現に変えることもできます。

さて、弱い相互作用でできたミュー・粒子状態は、m_1 の状態と m_2 の状態の、ある重ね合わせになっています。m_1 成分と m_2 成分はそれぞれ量子力学的振動をしていますが、２つの振動の振動数は少し異なっています。なぜなら一定の運動量で動いているとき質量が異なれば、それぞれの全エネルギーも異なり、ひいてはエネルギーに比例する振動数も異なってくるからです。

その結果、少しだけ異なる振動数の振動が2つ共存することになり、よく知られた「うなり」の現象が起き、時間とともに m_1 成分と m_2 成分の割合が変化します。つまり、純粋にミュー・粒子状態に合ったニュートリノも時間と共にタウ・ニュートリノ成分をある程度含むようになります。その割合は、時間とともに変化するだけでなく、2つの基底状態（弱い相互作用と質量）がどのくらい角度がずれているか（ϕで表す）と、m_1 と m_2 の2乗差 $(\Delta m)^2$ で決まります。

ニュートリノ振動の解析結果を図6－7に示しておきます。

図の右上の領域が大気ニュートリノの振動領域で、右下の領域は太陽ニュートリノの振動領域です。太陽ニュートリノの領域決定には世界の他の実験結果も取り入れてあります。

太陽ニュートリノの理解はカナダにおける重水1000トンを使った米加共同実験 SNO（Solar Neutrino Observatory）の実験データが一昨年から出始めたので、さらに深くなりました。これは重水素dがpとnのゆるい結合体（結合エネルギー 2.3MeV）であることを利用して、1つにはnを標的にした電子ニュートリノの電子生成をシグナルとして使おうとするものです。

この反応は神岡で使っている電子との衝突に比べ、角度分解能は劣るけれども衝突確率がずっと高いので、大量のデータを短期間に取得できます。もう1つの利点はニュートリノによる重水素の分解反応（dをpとnに分解）を検出して、全種類のニュートリノの総和を求めることです。

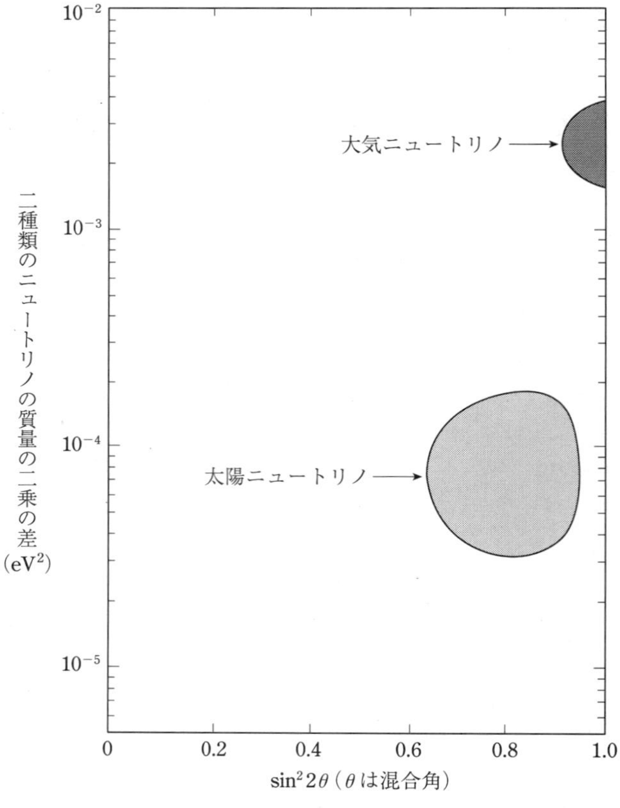

図6—7　太陽ニュートリノ振動の解析結果

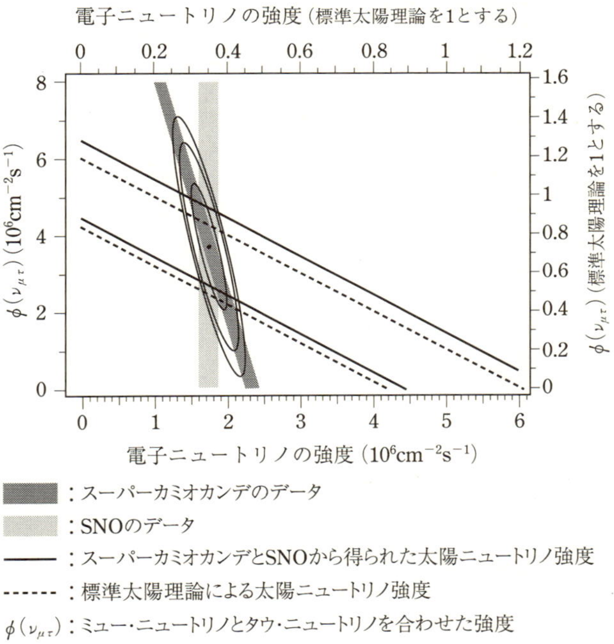

図6―8　太陽ニュートリノの最新解析

後者は、ついに2002年の春、実験に成功しました。

この SNO のデータも取り入れた結果を図6―8に示しました。これによると、太陽から地球に届いているニュートリノは $1.3\times10^6 cm^{-2}sec^{-1}$。電子ニューのほかに、ミュー・ニューとタウ・ニューを合わせて $3.9\times10^6 cm^{-2}sec^{-1}$ であることがわかりました。

これまでの話で、素粒子に対する理解と宇宙に対する理解、特にその始まった直後の宇宙の理解が密接に関係していて、一方の理解が他方の理解を助けるという関係になっていることが、ご理解いただけたと思います。

第7章　これから何処へ

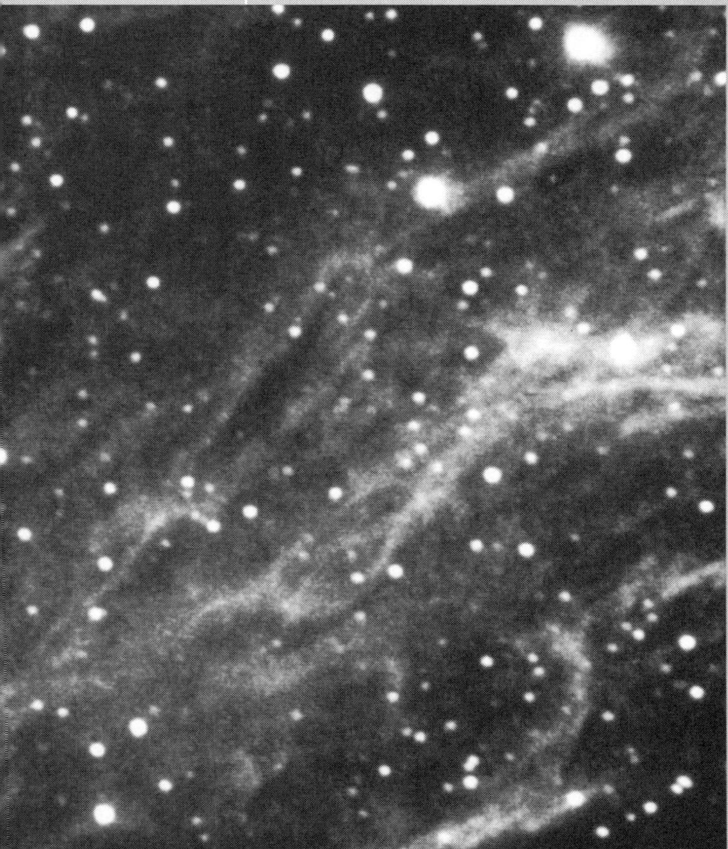

Neutrino

これまでのお話で、ニュートリノ天体物理学という基礎科学の一分野が日本の学者たちによって創立されたことをご理解いただけたことと思います。さらに神岡実験によって、ニュートリノたちがゼロでない有限の静止質量を持っていることが明確に示されました。これは物理学の将来を左右する極めて重大な発見です。

先に陽子崩壊実験ブームを世界中に巻き起こしたグラショウの SU(5) ── こんな記号を覚える必要はありませんが── という対称群を基にした大統一理論を、カミオカンデが潰したことを述べました。その後理論屋さんは、超対称 SUSY を取り入れて、SUSYSU(5) に改造し延命を図ったのです。しかも、ニュートリノたちがゼロでない有限の静止質量を持っていることに対しても、カミオカンデは「NO」の宣告を下しました。この理論には素粒子の席が15しかないのに素粒子の数は16になってしまうからです。

図２─１を参照してください。質量がゼロでなければ光の速度以下でしか動けません。その速度以上、勿論光の速度以下で、それを追い越す座標系は可能です。その座標系ではもともとの左巻きニュートリノは運動方向を逆にするだけなので右巻きニュートリノになっています。つまり、左巻きニュートリノがあればかならず右巻きニュートリノがあるということです。これで１ファミリーの素粒子の数は16になります。こうして将来の大統一理論は SU(5) より大きい対称群を基にして構築されねばならないことがわかりました。

現在のところこれ以上進むためには、さらに実験を重ねなくてはなりません。

超低エネルギーニュートリノを探せ

　ニュートリノのゼロでない有限の静止質量はもう1つ素敵なことをもたらしました。宇宙背景ニュートリノが観測にかかれば、ビッグ・バンによって宇宙が生まれてから1秒後の様子がわかるはずだ、と先に述べました。ニュートリノの静止質量がゼロでないと極低温度で超伝導金属によって全反射する可能性が生じたのです。

　ニュートリノを受信するためのパラボラアンテナなんて素晴らしいでしょう。ただし、こんな超低エネルギーのニュートリノをどうやって検出するかは依然として残っている難問中の難問です。

地球トモグラフィーを目指せ

　次に考えたいのはスーパーカミオカンデの次期計画です。すでに神岡では第3世代の実験装置、KamLAND（カムランド）が動き始めています。これは新潟に設置してある原子炉からの反ニュートリノを観測してニュートリノ振動の理解を深めようとするもので、すでに結果を出し始めております。

　将来はニュートリノによる地球のトモグラフィーにまでという遠大な計画です。この実験にはアメリカの著名な研究グループがいくつも参加していて、神岡のニュートリノ国際研究センターらしさをさらに高めています。

南極の氷と地中海の海底

　カナダでのSNOについてはすでに述べましたが、他にもニュートリノ実験として南極の氷を使ったチェレンコフ実験も行われています。また地中海の海底での海水によるチェレンコフ実験がギリシアとフランスでそれぞれ行われています。これらの実験からはまだこれはという結果は得られていません。

次はドーナッツ

日本の若い研究者たちの間で将来計画がいろいろ議論されていますが、まだ結論は出ていないようです。

私は10年ほど前から次に考えられる計画として、ドーナッツ(DOUGHNUTS：Detector for Under-Ground Hideous Neutrinos from Universe and from Terrestrial Sources) を提唱してきました。図7—1にその概念図が示されています。費用をスーパーカミオカンデ程度に抑えるために、光電増倍管の表面密度をスーパーカミオカンデの4分の1に抑えてあります。それでもいくつかの魅力あ

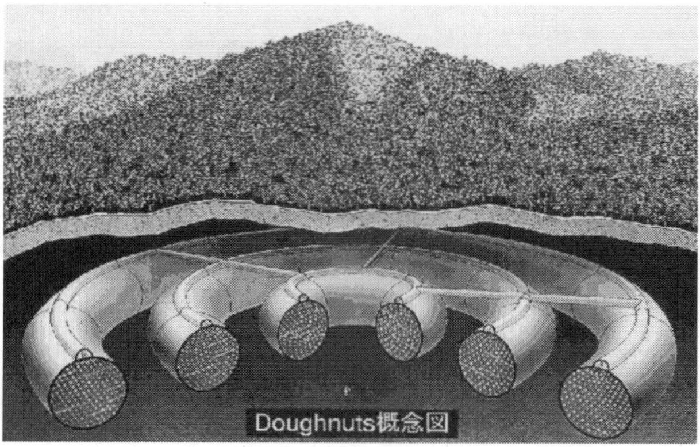

図7—1　100万トン地下ニュートリノ検出器ドーナッツ

る成果が期待できます。数え上げてみますと、

1）超新星ニュートリノの検出をアンドロメダ星雲を含む局所銀河団までひろげられるから３年に１度くらいの割合で観測できる。もし私たちの銀河内で起きた場合は、約10万個の事象が期待され、超新星爆発の詳細な解明が期待できる。
2）大加速器からのニュートリノ・ビームを当てれば、ミュー・ニューから生じたタウ・ニューによるタウ生成を十分な頻度で観測できる。
3）陽子崩壊の探索を10^{35}年以上の寿命まで延ばせる。
4）下から来るミュー粒子を観測することによって、それらをつくった高エネルギーニュートリノの点源を探せる。
5）ミュー束を観測することによって、核子当たり 10^{14} eV 以上での１次宇宙線組成が調べられる。

まだ他にも考えられる可能性もあるけれど、残念ながら若い人たちの間でこれをやろうという人は、まだいないようです。

読者への贈り物

予定の枚数に近づいたので、そろそろ終わりにしましょう。最後に、物理数学に自信のある読者に１つのチャレンジを呈します。

大気ニュートリノと太陽ニュートリノの観測結果（図６—７）と、ニュートリノ質量の微小さを重い右巻きニュー

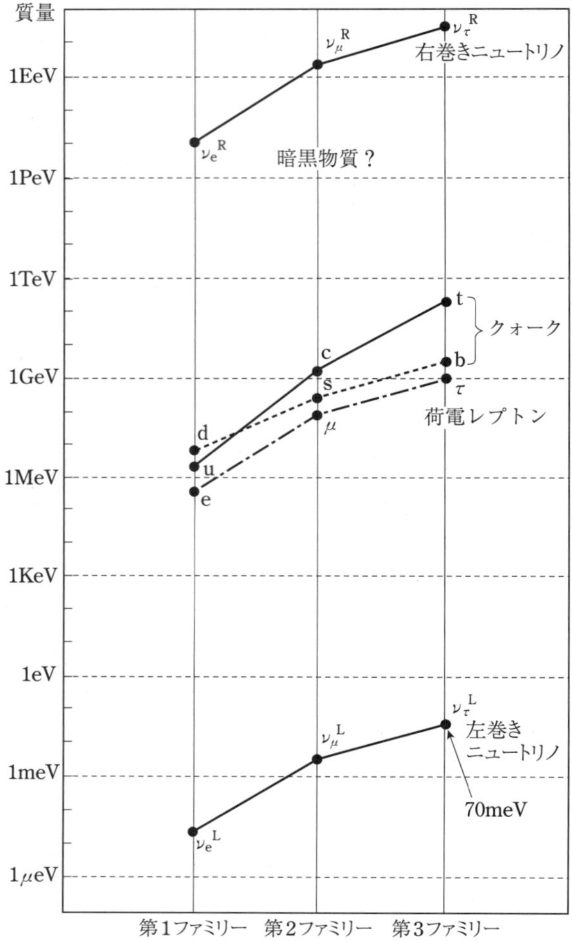

図7—2　素粒子の質量 図1

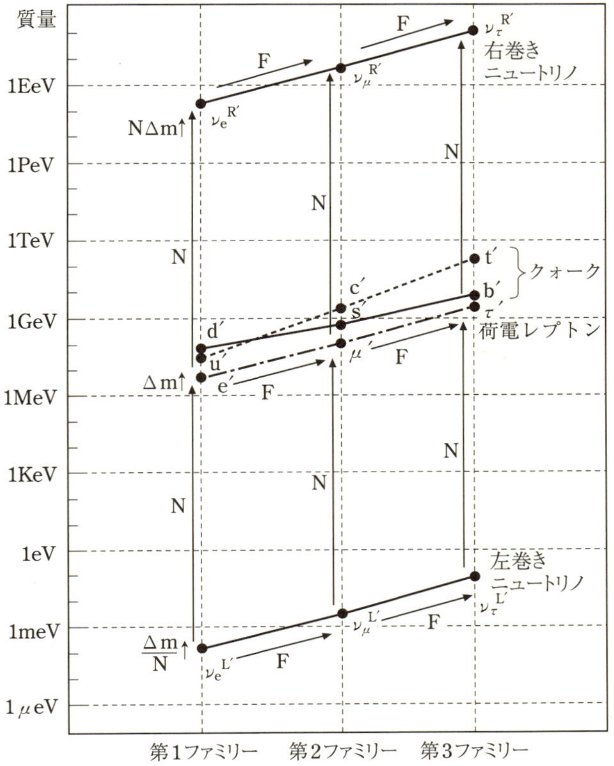

Δm（+3/2）=14.7MeV
Δm（−1/2）=14.4MeV

Δm=6.070（±0.001）MeV
N=2.73（±15%）×10^{10}
F=16.47

図７—３　素粒子の質量 図２

トリノの存在によって説明する1つのモデル（シーソーメカニズム）とを組み合わせると、図7—2に示す質量スペクトルが得られます。これに、さらに宇宙の極初期にあるメカニズムによって荷電粒子の質量が一様に 6.070MeV だけ減少したと考えると、それ以前の質量スペクトルは図7—3に示すようになり、きれいな規則性が見られます。

これを見ると3つのファミリーはそれぞれ独立ではなくて、1つのファミリーから次のファミリーに、何かFという演算子によって関係づけられ、Fは3乗すると1になっているように思えます。ではFの具体的な形はどんなものなのでしょうか？　これが好奇心旺盛な読者へのチャレンジです。

断っておきますが、私は答えを知りませんし、またこの図に表されている結果も1つの可能性にすぎないことを明記しておきます。

用語解説

単位　特に断らない限り、時間は秒、速度は光速度を単位にして測ることにします。このとき距離の単位は光が１秒間に進む距離、すなわち3×10^{10}センチメートルになります。エネルギーの単位は電子ボルトですが、これは１ボルトの電位差で荷電粒子を加速したとき得られる運動エネルギーの増加量です。またアインシュタインの関係式により、粒子の静止質量も同じ電子ボルトで測られます。電子の静止質量は100万電子ボルト（1MeV）の約半分です。

運動量　高校では、質量×速度と習ったはずです。相対性理論では、この関係式はより一般化されますが、いずれにしろエネルギーと同じく電子ボルトで測られます。向きを持ったベクトル量。

角運動量　量子力学的な回転量の単位を使ってあらわします。価は０、１、２、……です。運動量と同じく向きを持ったベクトル量です。

素粒子　自然界の基礎的構成粒子と考えられるもので、人間の理解が進むにつれて、何を素粒子と呼ぶかは変わってきました。普通は物質質量の大部分を担う原子核の構成粒子、陽子と中性子と、原子核の周囲に存在する陽子の正電荷を打ち消すだけの電子をいいます。しかし現代の物理学では、いく種類かのクォーク、電子やミュー粒子やニュートリノ等、実験的に有限の広がりや内部構造が検出されていないものを素粒子としています。個々の素粒子はそれぞれの内部量子数によって分類されます。素粒子の状態は、波動関数（場所と時間の関数）によって記述されます。

波動関数　粒子の種類に特有の量子力学的波動方程式にした

がって変化します。ある空間座標とある時間座標を与えた時の、この関数の絶対値の2乗がこの粒子のその時間、場所における存在確率の密度を与えます。

量子数　個々の素粒子を特徴づける特有の量子力学的物理量で、質量、電荷、偶奇性、スピン、アイソスピン、奇妙度、魅力度、ボトム度、トップ度やカラー（色）等。

偶奇性　空間座標を反転して正を負に、負を正にしたとき（たとえば鏡に映したとき）、波動関数の符号が変わらないときはプラス、変わるときはマイナスとします。この性質は不変で保存するものと考えられていましたが、弱い力の働くときは保存しないことが発見されました（リーとヤンの予言と、ウーの実験）。

スピン　粒子の内部自由度をあらわすもので、平たくいえば、粒子の固有の回転を示す量子数で、量子力学的単位で0、1/2、1、3/2、2……の価をとる、向きを持った量です。

アイソスピン　元来は、同一種類なのに、荷電状態の異なる粒子（たとえば陽子と中性子、正・負、電荷中性のパイ中間子）を個別指定するために考えられた仮想的スピンです（たとえば陽子はアイソスピン1/2の上向き状態で、中性子は下向き状態）。アイソスピンを入れるべき仮想空間における回転不変性の研究が、後にヤン-ミルズの理論を経て、局所ゲージ場理論への大きな道を開くことになります。

奇妙度、魅力度、ボトム度、トップ度（これらをフレイバー、日本語では香りと呼びます）　これらの量子数は、素粒子が電磁力や強い力で相互作用するときは保存されるが、弱い力で相互作用するときは保存されないことがわかっています。

カラー（色）　強い力の源となる物理量（電荷が電磁力の源となっているように）。個々のカラーが打ち消し合って無色

（白色）になった状態がエネルギーが低くて、観測にかかるくらい安定に存在しうると考えます。一方、単独クォークは無色でないから、仮につくられたとしても、寿命がきわめて短く直接観測にかからないと考えます。

重粒子　もともと陽子、中性子の他に奇妙度や魅力度を持った陽子より重い粒子類の総称。クォーク3個からなると考えられます。スピンは1/2の奇数倍。陽子以外は不安定で、崩壊することが知られています。陽子の崩壊が観測されていないことを説明するために重粒子数の保存則が導入されましたが、これは便宜的なものです。

中間子　初めは、パイ中間子（湯川粒子）のように、陽子と電子の中間の質量を持つ粒子をいいましたが、その後陽子より重い中間子もたくさん見つかっています。スピンは整数。中間子はすべて短時間に崩壊し、終局的にはいくつかの軽粒子や光子になってしまいます。クォークと反クォークからなると考えられています。重粒子類と中間子類はすべて強い力を及ぼし合うので、これらをまとめてハドロンと呼ぶこともあります。

軽粒子　電子、それから宇宙線で以前から見つかっていた重い電子のようなミュー粒子、さらには電子・陽電子衝突実験で見つけられた、さらに重いタウ粒子の電荷を持った3種類の軽粒子の他に、それぞれと対になる電子ニュートリノ、ミュー・ニュートリノ、タウ・ニュートリノがあります。強い力は働きません。スピンは1/2。軽粒子数保存則も導入されていますが、それをチェックする実験も進行しています。現在の実験精度では軽粒子は大きさや内部構造を持たない素粒子と考えられています（半径1京分の1センチ以下）。

フェルミ粒子　スピンが1/2の奇数倍の粒子、重粒子や軽粒子の総称で、これらの粒子は1つの量子力学的状態に1個しか存在できません（フェルミ統計に従う)。この性質が星の安定性に重要な役割を果たしています。

ボース粒子　スピンが整数の粒子、中間子や光子の総称で、１つの状態に何個でも存在できる（ボース統計に従う)。

反粒子　フェルミ粒子の時間の向きを逆にしたもの。その結果、質量以外の量子数（電荷等）は符号が変わります。たとえば電子と陽電子や、陽子と反陽子は、互いにそれぞれの反粒子ですが、われわれが身近に見なれている電子や陽子を粒子とし、陽電子、反陽子を反粒子とする慣行になっています。粒子と反粒子は対になって発生したり消滅したりします。粒子を反粒子に、反粒子を粒子に入れ替え、さらに空間を反転したとき、物理法則は不変だとする保存則が考えられましたが、これは弱い力の働くときには、破れていることが発見されました（フィッチ、クローニンの中性Ｋ中間子崩壊の実験)。

ベータ崩壊　崩壊には自然放射能によって、原子核が放射線を放出するとき、ヘリウム原子核を放出するアルファ崩壊、電子を放出するベータ崩壊、ガンマー線を出すガンマー崩壊と3種類の様式があり、ベータ崩壊は弱い力によって、中性子が電子を放出して陽子に変換されることによると解釈されています。

保存則　いくつかの物理量は反応の前と後で変化がないことを保存則のかたちに明記します。エネルギー保存則、運動量保存則、電荷の保存則はよく知られています。これらは、より基本的な原理に由来するもので、破れることはないと考えられています。この他にも重粒子数保存則、軽粒子数保存則、偶奇性保存則、奇妙度保存則等いろいろあるが、これらは絶対的なものとは考えられておらず、部分的には破れていることが、実験ですでにわかっているものもあります。

さくいん

〈欧文・記号〉

CERN　32,34,37,71,82,132,160
DESY　32
FNAL　160
JADE　33,58
KamLAND（カムランド）177
K2K　37
K^-中間子　48
LEP　132
PETRA　58
SNO　171
Wプラス・マイナス　132
Zゼロ　71,82,132
e^+（陽電子）　50
Λ^0（ラムダ）粒子　63
μ（ミュー）粒子　41
ν（ニュートリノ）　41
π^+（パイ・プラス）　50
π（パイ）中間子　41
Ω^-（オメガ・マイナス）粒子　63

〈あ行〉

アインシュタイン　12,81
天野貞祐　18
アルヴァレ　50
アルファ線　41,50,54
泡箱　50
暗黒物質　122
アンダーソン　46
一般相対性理論　81
イルフォード　50
イーレム　91,114
色力学　60
インフェルト　12
インフレーション　129
ウィルソン　115
宇宙線　22,23,25,51,137
宇宙誕生のモデル　113
宇宙背景ニュートリノ　177
エネルギー保存則　72
オッキャリーニ　25,137
オメガ・マイナス　48,50

〈か行〉

外殻電子　45
ガイガー計数管　52,53
回折現象　75
角運動量保存則　72
核子　61
核子崩壊実験　136
梶田隆章　168
荷電粒子　44,47,56
神岡鉱山　30,144
神岡実験　109,156,176
神岡陽子崩壊実験装置（カミオカンデ）　56
カミオカンデ　136,144
ガモフ　91,113
茅誠司　31
ガンマー線　53,91
菊池正士　75
奇妙度　62

奇妙粒子　44,47,61
キュリー点　119
局所ゲージ場理論　81,85
霧箱　44
クォーク　43,60,62,66,70,116,131
グラショウ　136
グルーオン　60,66,70,85,116,131
蛍光　54
原子核　41
原子核乾板　25,26,30,137
元素　41,90
元素合成　70,92
高エネルギー電子・陽電子衝突装置　58
光電増倍管　35,54,56,142,162
コッコーニ　54
後藤英一　31
固有振動数　75

〈さ行〉

坂田昌一　62
坂田モデル　62
3色モデル　70
散乱実験　41
磁気単極子　120,126
磁気力　81
シャイン　23,24
写真乾板　50
シュヴィンガー　31
重陽子　91
重粒子数の保存則　76
主系列星　99
シンチレーション計数管　54
菅原寛孝　136
鈴木厚人　144
須田英博　30,144
スーパーカミオカンデ　36,37,143,162
スピン（固有角運動量）　43,60
星雲　112
静止質量　46,61,67,71,76,84,146,154,176
青色巨星　147
赤外線　95
赤外線天文学　95
赤色超巨星　99,147
相転移　45,129
素粒子　41

〈た行〉

第I種超新星　103
大角散乱　55
大気ニュートリノ　36,158,168,179
対称性　81,119
大統一理論　78,120,125,156,176
第II種超新星　103
第II種超新星爆発　147
大マゼラン星雲　125,144
太陽　97
太陽系　112
太陽ニュートリノ　29,142,148,156,158,162,179
太陽ニュートリノのパズル　152
太陽のニュートリノ写真　164
太陽の標準モデル　152
タウ検出器　37
タウ・ニュートリノ　36,68,108,154,170
タウ粒子　36

チェレンコフ光　55,138,168
チャンドラセカール　23
中間子　44,60
中性子　41,91,107
中性子星　106,123,125
中性パイ中間子　76
超新星　24,29,103
超新星ニュートリノ　29,145,158
超新星爆発　107,123,125,144
超対称　126,176
超対称粒子　126
超ひも理論　122
強い力　70,83
デイビス　151,157
ディラック　121
電荷　43
電荷保存の法則　73
電気力　81
電子　41,67,91
電磁気学　81,82
電磁気力　82
電子線形加速器　162
電子ニュートリノ
67,96,103,108,128,151,154
電子・陽電子衝突　32,68,71,85
電磁力　132
電離電子　58
ドイツ電子シンクロトロン研究所　32,58
特殊相対性理論　55,74
閉じた宇宙　134
戸塚洋二　30,162
トップ・クォーク　68,69
ドップラー効果　112,153
ドーナッツ　178
ド・ブロイ　75
朝永三十郎　18
朝永振一郎　18
トリスタン　69
ドリフトチェンバー　58

〈な行〉

中野董夫　62
中畑雅行　162
南部陽一郎　16,69,123
西島和彦　31,62
ニュートリノ　52,53,58,71,72,83
ニュートリノグラフ　164
ニュートリノ検出実験　136
ニュートリノ振動
76,160,171,177
ニュートリノ振動モデル　156
ニュートリノ天体物理学
38,142,158,176
ネーマン　62

〈は行〉

パイ・ゼロ中間子　124
ハイゼンベルク　75
パイ中間子
53,61,67,80,83,84,124,158
パウエル　17
パウリ　72
バーコール　152
波動方程式　81
バトラー　47
パートン　66
ハブルの法則　112
浜松ホトニクス　35
早川幸男　24

反宇宙 120
反クォーク 60,66
反電子ニュートリノ 91,113
反ニュートリノ 108,177
反物質 118
反ミュー・ニュートリノ 128
反粒子 108
左巻きニュートリノ 176
左巻きの状態 71
ビッグ・バン 113
ビッグ・バン理論 115
ビューティ・クォーク 68
標準理論 83,85,132,136
開いた宇宙 133
ファインマン 22,31,66
フェルミ国立加速器研究所 37,68,160
不確定性原理 75
福井崇時 31,52
藤本陽一 17
物質と反物質の非対称性 130
物質波 75
物質密度 115
ブドケル 30
不変性 74
ブラックホール 106
ベータ崩壊 53,56,72
ペンジアス 115
崩壊 43
放電箱 52
星の一生 97
星の誕生 93
ボトム・クォーク 68
ホフシュテッター 55
ポンテコルヴォ 153

〈ま行〉

マルシャク 17
右巻きニュートリノ 176
右巻きの状態 71
宮本重徳 52
ミュー・ニュートリノ 36,37,68,108,124,154,170
ミュー・プラス 124
ミュー粒子 30,52,61,74,83,158

〈や行〉

山内恭彦 15
湯川中間子 54
湯川粒子 84
有坂勝史 35
陽子 41,91
陽子・反陽子衝突実験 69
陽子崩壊 29,179
陽震 153
陽電子 44,67,76
ヨーロッパ連合原子核研究機関 (CERN) 32
弱い相互作用 171
弱い力 83,131,132

〈ら行〉

ラザフォード 41,54
量子色力学 70
量子数 62
量子力学的縮退圧 102
ルバコフ効果 128
レーダーマン 52
ロチェスター 47

N.D.C.440.12　　190p　　18cm

ブルーバックス　B-1394

ニュートリノ天《てん》体《たい》物《ぶつ》理《り》学《がく》入《にゅう》門《もん》
知られざる宇宙の姿を透視する

2002年11月20日　第1刷発行
2011年9月30日　第4刷発行

著者　小《こ》柴《しば》昌《まさ》俊《とし》
発行者　鈴木　哲
発行所　株式会社講談社
〒112-8001　東京都文京区音羽2-12-21
電話　出版部　03-5395-3524
販売部　03-5395-5817
業務部　03-5395-3615
印刷所　(本文印刷)慶昌堂印刷株式会社
(カバー表紙印刷)信毎書籍印刷株式会社
製本所　株式会社国宝社

定価はカバーに表示してあります。

ISBN4-06-257394-6

発刊のことば

科学をあなたのポケットに

二十世紀最大の特色は、それが科学時代であるということです。科学は日に日に進歩を続け、止まるところを知りません。ひと昔前の夢物語もどんどん現実化しており、今やわれわれの生活のすべてが、科学によってゆり動かされているといっても過言ではないでしょう。

そのような背景を考えれば、学者や学生はもちろん、産業人も、セールスマンも、ジャーナリストも、家庭の主婦も、みんなが科学を知らなければ、時代の流れに逆らうことになるでしょう。

ブルーバックス発刊の意義と必然性はそこにあります。このシリーズは、読む人に科学的に物を考える習慣と、科学的に物を見る目を養っていただくことを最大の目標にしています。そのためには、単に原理や法則の解説に終始するのではなくて、政治や経済など、社会科学や人文科学にも関連させて、広い視野から問題を追究していきます。科学はむずかしいという先入観を改める表現と構成、それも類書にないブルーバックスの特色であると信じます。

一九六三年九月　　野間省一